基礎
機械材料学 ◀

松澤 和夫 [著]
Matsuzawa Kazuo

Ohmsha

まえがき

「材料を制するものは技術を制す」という言葉がある．材料を研究開発する立場のみならず，材料を利用してものづくりを行う側に立脚しても非常に的を射た見解である．性能や信頼性が高く，価格競争力のある機械製品を生産するときには，優れた設計が必須であり，その際には適切な材料と生産方法の選択が重要である．また，先端技術を結集してつくられた航空機でさえ金属疲労を原因とする事故が起きている事実は，材料を制することがいかに重要であるかの一端を示している．したがって，機械の設計や生産に携わる技術者が，「適材適所」すなわち種々の材料のなかから適切に選択して適切な部位に利用するために，また，さらに新素材が登場しても対応可能なように，機械材料の基本的な知識を修得しておくことは大切である．

本書は，大学や高専で機械材料を学ぶ学生，ならびに実務として設計や生産に携わる技術者が材料を理解することの重要さを再認識して原点に戻って学ぶ必要性を感じた際など，機械材料を一から学ぶことを前提にして内容を厳選した．特に，文科省検定済教科書を編修・校閲した経験を生かし，通して読むときに学習効果の期待できる章構成と独学の際に困らない丁寧な説明を心がけた．

本書を執筆するにあたっては，多くの著書や文献を参考にさせていただいた．いわゆる定番の図表などは出典が特定しにくいものもあり個別に引用番号は付与しないが，これら著者の方々に敬意と謝意を表する．

2014 年 1 月

松澤和夫

目　次

第4章　金属の塑性加工と組織

第5章　状態図の基礎

第6章　鉄鋼材料の状態図と組織

第7章　炭素鋼の熱処理

第8章　鉄鋼材料の製造

第9章　構造用鋼

第10章　鋼の表面熱処理

11章　特殊用途鋼

第12章　工具材料

第13章　鋳鉄・鋳鋼

第14章　非鉄金属材料

第 15 章　新しい金属材料

第 16 章　プラスチック

第 17 章　セラミックス

第 18 章　複合材料

第 **1** 章

機械材料の概説

1.1. 工業材料の分類

　機械材料は，力が加わる構造物を構成する部材として使われることが多く，建築材料などとともに**構造材料**（structural materials）として力学的特性が重要な特性である．工業材料の分類例を**図 1.1** に示す．ここで工業材料は，

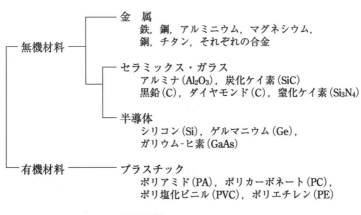

金　属
鉄，鋼，アルミニウム，マグネシウム，
銅，チタン，それぞれの合金

セラミックス・ガラス
アルミナ（Al_2O_3），炭化ケイ素（SiC）
黒鉛（C），ダイヤモンド（C），窒化ケイ素（Si_3N_4）

半導体
シリコン（Si），ゲルマニウム（Ge），
ガリウム-ヒ素（GaAs）

無機材料

プラスチック
ポリアミド（PA），ポリカーボネート（PC），
ポリ塩化ビニル（PVC），ポリエチレン（PE）

有機材料

複合材料
ガラス繊維強化プラスチック（GFRP）
炭素繊維強化プラスチック（CFRP）
金属基複合材料（MMC）

図 1.1　工業材料の分類例

無機材料（inorganic material）と**有機材料**（organic material）に大別することができる．機械材料として多用されている**金属材料**（metals）以外の工業材料を非金属材料という．**セラミックス**（ceramics）や，**プラスチック**（plastics）は，それぞれの特徴を生かして各所で使われている．プラスチックは軽く，力学的特性に優れるものは，機械部品材料として使われており，セラミックスは，耐熱性・耐食性などに優れ，それらを重視する機械部品への利用が期待されている．なお，狭義の無機材料としてはセラミックスをさすことも多い．また，**複合材料**（composites）は，性質の異なる材料を組み合わせて，単体では得られない，優れた特性・機能をもたせた材料である．

　金属材料は，比較的強度が高く，かつ展性および延性に富んでおり，さらにリサイクル性が良いという特長を兼ね備え，さらに熱処理などのプロセスにより所望の機械的性質に調整することができるので，機械材料として多用されている．金属材料は，図 1.2 に示すように，性質と加工性と価格のバランスに優れ圧倒的な使用量を誇る**鉄鋼材料**（ferrous metals）と，個々にさまざまな特徴をもつ**非鉄金属材料**（nonferrous metals）に分類することができる．非鉄金属材料には，さまざまな金属が存在するが，機械材料として

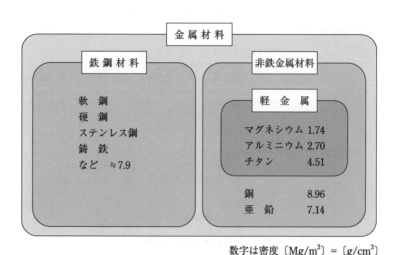

数字は密度〔Mg/m^3〕＝〔g/cm^3〕

図 1.2　金属材料の分類

表1.1 周期表

凡例
原子番号
元素記号
元素名

太線内は金属元素

周期＼族	1	2	3	4	5	6	7	8	9	10	11	12	13	14	15	16	17	18
1	1 H 水素																	2 He ヘリウム
2	3 Li リチウム	4 Be ベリリウム											5 B ホウ素	6 C 炭素	7 N 窒素	8 O 酸素	9 F フッ素	10 Ne ネオン
3	11 Na ナトリウム	12 Mg マグネシウム											13 Al アルミニウム	14 Si ケイ素	15 P リン	16 S 硫黄	17 Cl 塩素	18 Ar アルゴン
4	19 K カリウム	20 Ca カルシウム	21 Sc スカンジウム	22 Ti チタン	23 V バナジウム	24 Cr クロム	25 Mn マンガン	26 Fe 鉄	27 Co コバルト	28 Ni ニッケル	29 Cu 銅	30 Zn 亜鉛	31 Ga ガリウム	32 Ge ゲルマニウム	33 As ヒ素	34 Se セレン	35 Br 臭素	36 Kr クリプトン
5	37 Rb ルビジウム	38 Sr ストロンチウム	39 Y イットリウム	40 Zr ジルコニウム	41 Nb ニオブ	42 Mo モリブデン	43 Tc テクネチウム	44 Ru ルテニウム	45 Rh ロジウム	46 Pd パラジウム	47 Ag 銀	48 Cd カドミウム	49 In インジウム	50 Sn スズ	51 Sb アンチモン	52 Te テルル	53 I ヨウ素	54 Xe キセノン
6	55 Cs セシウム	56 Ba バリウム	57~71 La-Lu ランタノイド	72 Hf ハフニウム	73 Ta タンタル	74 W タングステン	75 Re レニウム	76 Os オスミウム	77 Ir イリジウム	78 Pt 白金	79 Au 金	80 Hg 水銀	81 Tl タリウム	82 Pb 鉛	83 Bi ビスマス	84 Po ポロニウム	85 At アスタチン	86 Rn ラドン
7	87 Fr フランシウム	88 Ra ラジウム	89~103 Ac-Lr アクチノイド	104 Rf ラザホージウム	105 Db ドブニウム	106 Sg シーボーギウム	107 Bh ボーリウム	108 Hs ハッシウム	109 Mt マイトネリウム	110 Ds ダームスタチウム	111 Rg レントゲニウム	112 Cn コペルニシウム	113 Nh ニホニウム	114 Fl フレロビウム	115 Mc モスコビウム	116 Lv リバモリウム	117 Ts テネシン	118 Og オガネソン

57 La ランタン	58 Ce セリウム	59 Pr プラセオジム	60 Nd ネオジム	61 Pm プロメチウム	62 Sm サマリウム	63 Eu ユウロピウム	64 Gd ガドリニウム	65 Tb テルビウム	66 Dy ジスプロシウム	67 Ho ホルミウム	68 Er エルビウム	69 Tm ツリウム	70 Yb イッテルビウム	71 Lu ルテチウム
89 Ac アクチニウム	90 Th トリウム	91 Pa プロトアクチニウム	92 U ウラン	93 Np ネプツニウム	94 Pu プルトニウム	95 Am アメリシウム	96 Cm キュリウム	97 Bk バークリウム	98 Cf カリホルニウム	99 Es アインスタイニウム	100 Fm フェルミウム	101 Md メンデレビウム	102 No ノーベリウム	103 Lr ローレンシウム

はチタン以下の密度を有する金属を特に軽金属と呼び，近年使用量が増加しているアルミニウムやマグネシウムなどがある．

　表1.1の周期表（periodic table）の太線枠内はすべて金属であり，多くの元素が金属であることがわかる．二種類以上の金属を混ぜて作られる合金（alloy）は，周期表で近隣の元素との組合せの場合が比較的多い．例えば，鉄鋼材料では，FeにCのほかMn, Ni, Coなどを添加したり，鋳造用アルミニウム合金としてAl-Si合金，日本の硬貨ではCu-Ni合金やCu-Zn合金などがある．金属と非金属の中間の性質を示す元素は半金属（metalloid）とも呼ばれ，一般に周期表で金属元素と非金属元素との境界付近の元素をさす．半金属の単体もしくはその化合物は，ガラスや半導体，合金の構成元素として広く利用されている．

1.2. 機械設計と材料選択

　機械設計において，適切な材料を適所に用いることは，用途に応じた性能を満たすために重要であり，機械技術者として材料に関する知識をもつことは必須なことである．まず，表1.2に示す諸性質について，材料が要求を満たしているかを個別に検討する必要がある．

　機械設計における強度計算や，機械加工における加工条件の選定などでは，材料の特性を把握する必要がある．特に機械設計者の立場からは，図1.3に示すように，使用する材料の力学的性質やそれ以外の性質のほか，製品コストにも配慮しなければならない．製品コストは，素材価格はもとより，製造コスト，すなわち生産性によっても大きく左右される．

表 1.2　材料の諸性質

性　　質	具体的項目
力学的性質 （機械的性質）	弾性率，減衰能 降伏強さ，引張強さ，硬さ 破壊靭性 疲れ強さ クリープ強さなど
力学的以外の性質	光学的性質 磁気的性質 電気的性質など
	環境特性（耐食性,耐熱性など）

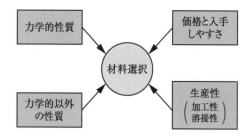

図 1.3　機械設計と材料選択

第 **2** 章

金属の結晶構造

2.1. 結晶と顕微鏡組織

　結晶(crystal)とは，物質を構成している原子が，規則正しく配列している状態である．金属は，**図2.1**のように液体では原子は規則的配列をもたないが，固体では原子が金属結合しており，**結晶構造**（crystal structure）をもつ．例えば，鉱物は比較的大きな結晶をもつため，砕いたときに平らな面が現れるなど，規則的配列が外形に現れる．しかし，一般的な金属材料を破壊しても鉱物のように平面で形作られる外観の特徴は見られない．これは，機械材料として使われる金属材料は，通常，**図2.2**（a）のような状態が広が

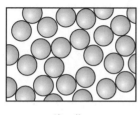
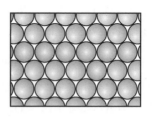

液　体　　　　　　　　　　　　固　体

図2.1　液体と固体の原子配列

りをもった多くの小さな結晶の集合体であり，**多結晶**（polycrystal）である
からである．**結晶粒**（crystal grain）のなか（結晶粒内という）では，原子
が規則正しく配列しているが，となりの結晶とは配列の方向が違うため，そ
れらの境界には**結晶粒界**（grain boundary）が形成される．異なる方向に
原子が規則的に配列している様子を，原子配列の中心線を格子で模式的に表
したのが同図（b）である．この状態の金属材料を光学顕微鏡で組織観察す
ると，同図（c）のように結晶粒界を観察することができる．

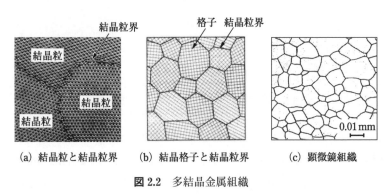

(a) 結晶粒と結晶粒界　　(b) 結晶格子と結晶粒界　　(c) 顕微鏡組織

図 2.2　多結晶金属組織

2.2. 結晶の構造

　結晶の規則的な配列位置を結ぶと格子のように見えるので，この線を**結晶
格子**（crystal lattice）という．多くの金属は，**図 2.3** に示す単位格子で表
される周期構造をとっており，**体心立方格子**（**bcc**：body-centered cubic
lattice），**面心立方格子**（**fcc**：face-centered cubic lattice）および**稠密六
方格子**（**hcp**：hexagonal close-packed lattice）がある．図の上段は，各
原子を実際に近い大きさで描いた模式図で，下段は結晶格子を強調し原子を
小さく描いて図示した場合で，同じものである．特徴を表す最小単位の平行
六面体を**単位胞**（unit cell）という．体心立方格子，面心立方格子は図のと
おりであるが，稠密六方格子は図に示す構造を $120°$ ごとに 3 分割した平行
六面体が単位胞である．単位胞に含まれる原子数は，体心立方格子は 2 個，

体心立方格子 bcc	面心立方格子 fcc	稠密六方格子 hcp
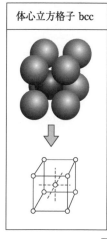	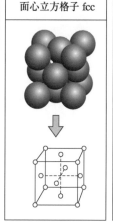	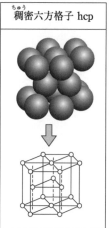

図 2.3 金属の結晶構造

面心立方格子は 4 個, 稠密六方格子は 2 個である. 体心立方格子を例に計算すると, 8 つの頂点の原子は平行六面体内には $\frac{1}{8}$ 個ずつ, また単位胞の中心の原子が 1 個含まれることから, $\frac{1}{8} \times 8 + 1 = 2$〔個〕となる.

面心立方格子および稠密六方格子は, 原子の間隙が最も少なくなるように配置させた構造であり, 最密構造または最密充填構造という. なお, 稠密は最密と同じ意味なので, 稠密六方格子は最密六方格子と呼ぶこともある.

結晶格子の種類は諸性質にも影響し, 面心立方格子の金属は塑性加工がしやすいが稠密六方格子は劣るなどの例がある.

第 **3** 章

材料の機械的性質とその試験法

▌ *3.1. 機械的性質*

　機械的性質（mechanical property）とは，材料に外力を加えたとき，ど
のような性質をもつかという力学的性質の総称である．最も代表的な機械的
性質には，引張試験をして得られる引張強さなどの性質がある．また，加工
のしやすさなどの尺度と関連するので工業的に非常に重要な性質である．主
な機械的性質には次のようなものがある．（個々については後述する）

　強さ（strength）……引張力・圧縮力に耐える応力

　　展延性（ductility）……破断せずに柔軟に変形する性質

　　展性・可鍛性（malleability）……圧縮力を加えた際の変形する能力 ⎫ ※
　　　　　　　　　　　　　　　　　　　　　　　　　　　　　　　　⎬
　　延性 （ductility）……引張力を加えた際の変形する能力 ⎭

　硬さ（hardness）

　靱性（toughness）……粘り強さ

　　脆性（brittleness）……脆さ

　疲れ強さ，疲労強度（fatigue strength）……繰返し応力に耐える性質

　　　※加工のしやすさ

3. 2. 弾性変形と塑性変形

　例えば，**図 3.1**（a）のように材料に小さな力を加えて変形させると，力を除いたときに元の形に戻る．この変形を**弾性変形**（elastic deformation）という．さらに大きな力を加えて変形させると，力を除いたときに，同図（b）のように元の形には戻らない．この変形を**塑性変形**（plastic deformation）という．

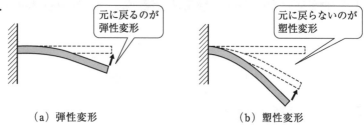

（a）弾性変形　　　　　　　　（b）塑性変形

図 3.1　弾性変形と塑性変形

3. 3. 引張特性

　引張試験は，**図 3.2** に示すように引張試験機に試験片を取り付け，クロス

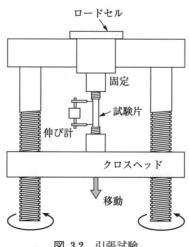

図 3.2　引張試験

ヘッドを引張方向に通常は等速度で移動させて，力（荷重；load）P と変形量（伸び；elongation）Δl を記録して**荷重-伸び線図**（load-elongation diagram）を得る試験である．力（荷重）P は，ロードセル（load cell）を用いて電気的な信号に変換して検出できる．刻々と変化する変形量（伸び）Δl は，試料の標点距離に取り付けられた伸び計で直接測定する．

試験片の例を**図 3.3** に示す．**延性**（ductility）の尺度のひとつである**破断伸び**（percentage elongation after fracture）δ は，試験前の原標点距離が L_0 である試験片について，破断後の試験片をつきあわせて標点距離 L を測定し，伸びた長さ $\Delta L = L - L_0$ を求め，$\delta = \dfrac{\Delta L}{L_0} \times 100$ 〔%〕で求められる．また，破断後の断面積 A はくびれにより減少し，この度合いも延性の目安となる．くびれの度合いを**絞り**（percentage reduction of area）φ といい，原断面積を A_0 とすると，$\varphi = \dfrac{A_0 - A}{A_0} \times 100$ 〔%〕で求められる．

図 3.4 に各種材料の破断伸びを示す．同種の材料によってもさまざまな破断伸びを示しているが，おおむねセラミックスは延性が小さく，プラスチック（高分子材料）は大きい，そして金属材料は広範囲な材料が存在し，延性と強さのバランスが良く選びやすい．

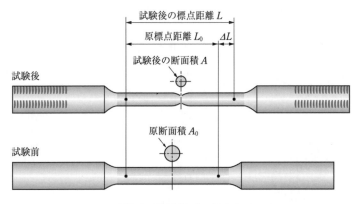

図 3.3 破断伸びの求め方

注）通常，機械的性質の伸びといえば破断伸びのことである．引張試験中の変形量を示す伸びとは異なる．

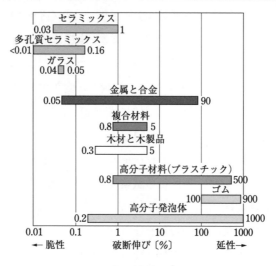

図 3.4　各種材料の破断伸び

3.3.1.　応力-ひずみ線図

　引張試験により，荷重-伸び線図が得られるが，試験片の形状や大きさが異なるときには単純比較できない．そこで，**図 3.5** に示すように，縦軸に力（荷重）P を原断面積 A_0 で除した**応力**（stress）σ を，横軸に変形量 $\varDelta l$ を原

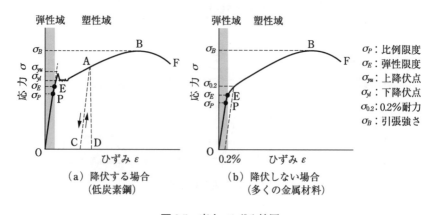

図 3.5　応力-ひずみ線図

標点距離 L_0 で除した**ひずみ** (strain) ε をとる．これを，**応力-ひずみ線図** (S-S 曲線: stress-strain diagram) という．ここで，縦軸の応力 σ，横軸のひずみ ε はそれぞれ次式で表される．なお，A_0，L_0 ともに試験中に変化しない定数なので，荷重-伸び線図と応力-ひずみ線図は同じ形である．

$$\sigma = \frac{P}{A_0} \,\,〔\text{MPa}〕$$

$$\varepsilon = \frac{\varDelta l}{L_0} \times 100 \,\,〔\%〕$$

3.3.2. 弾性係数

引張試験の初期，すなわち応力-ひずみ線図における原点に近い領域ではひずみに対して応力が直線的に上昇する．その傾きは**縦弾性係数** (modulus of elasticity) または**ヤング率** (Young's modulus) E として定義され，紛らわしくないとき弾性率といい，この値は材料によって異なる．ヤング率は弾性変形における力に対する抵抗を表している．このとき，応力 σ とひずみ ε の比例関係は，

$$\sigma = E\varepsilon$$

で表され，これを**フックの法則** (Hooke's law) という．フックの法則が成り立つ直線の最大応力を**比例限度** (proportional limit) という．また，塑性変形せずに弾性変形する範囲の最大応力を**弾性限度** (elastic limit) という．多くの材料で，弾性限度は比例限度とほぼ同等である．

引張試験で 1 軸荷重を受ける試験片における軸ひずみに対する横ひずみの比を，**ポアソン比** (Poisson's ratio) ν といい，$\nu = -(横ひずみ)/軸ひずみ$ で表される．変形による体積変化がないとき，ポアソン比は 0.5 である．一般的な金属材料では体積変化があり，おおむね 0.3 程度，ゴムでは 0.4〜0.5 程度である．

3.3.3. 降伏点，耐力

図 3.5 (a) に低炭素鋼のように降伏する場合，図 3.5 (b) に多くの金属材料でみられる降伏しない場合の応力-ひずみ線図を示す．

　例えば図 3.5（a）では，弾性限度を超えると，降伏現象により応力は上昇せず，ひずみだけが増加するようになる．これは材料が**塑性変形**（plastic deformation）し始めたことを示す．この屈曲点の応力を**上降伏点**または上降伏応力といい，単に**降伏点**（yield point）または**降伏応力**（yield stress, yield strength）といえば通常このことである．また，降伏している間の最小応力を，**下降伏点**または下降伏応力と呼ぶ．ただし，上降伏点直後の過渡的な応力低下がある場合は無視する．

　一方，高炭素鋼やアルミニウム合金，銅合金，オーステナイト系ステンレスなど多くの材料は図 3.5（b）のように明確な降伏点は存在せず，弾性限度を超えるとなだらかに塑性変形に移行する．このように降伏現象を示さない材料の場合は，降伏応力に相当する応力として，**耐力**（proof stress）を定義する．耐力は，弾性限度を超えて，規定された小さな永久ひずみが残るときの応力であり，一般に 0.2％耐力がよく用いられる．応力–ひずみ線図から次に示す手順のオフセット法によって求めることができる．

　1）原点から，縦弾性率の傾きの接線を引く．

　2）応力–ひずみ線図の横軸のオフセットひずみの位置（0.2％）から，先ほどの接線と平行に直線を引く．

　3）その直線と，測定された曲線との交点の応力を 0.2％耐力とする．

　一般に製品は使用中に塑性変形してはならないので，降伏応力と耐力は，設計の際に用いられる材料特性として，重要なもののひとつである．

3. 3. 4.　引張強さ

　応力–ひずみ線図での最大応力を極限強さといい，引張試験の場合は，**引張強さ**（UTS : ultimate tensile strength）という．引張強さは，材料の機械的性質のなかでも，最も重要な特性のひとつである．

　図 3.6 に，各種材料の応力–ひずみ曲線を示す．グラフの縦軸方向に伸びている材料は**強さ**（strength）があり，横軸方向に伸びている材料は**延性**（ductility）がある．一般に，材料は強さが大きいほど延性に乏しく，逆に

強さが低いほど延性に富む．このように，材料の使用を検討する際には，強
さと延性の逆相関に注意しなければならない．（強靱については後述する．）

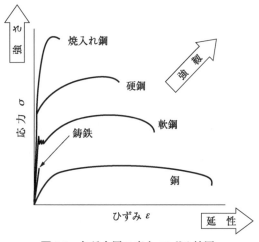

図3.6　各種金属の応力-ひずみ線図

3.3.5.　真応力-真ひずみ線図

　一般に，応力-ひずみ線図は，力を原断面積で除した公称応力と，変形量
を原標点間距離で除した公称ひずみで表す．しかし，本来は変形が進行する
ときに刻々と変化する断面積と長さを用いて，真応力-真ひずみ線図を作成
するのが力学的には正確である．**図3.7**に軟鋼の真応力-真ひずみ線図を模

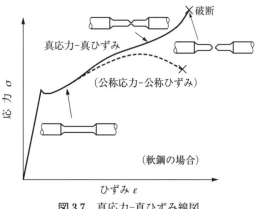

図3.7　真応力-真ひずみ線図

式的に示す．おおむね引張強さに至るまでは，試験片は軸方向にほぼ均一に伸び続ける．最大引張荷重（引張強さ）に到達するころから，試験片平行部に不均一な変形が発生し，局部的なネッキング（くびれ）と呼ばれる現象が見られる．力を刻々と減少する断面積で除して求めた真応力は破断に至るまで増加する．

3.3.6.　圧縮試験

圧縮試験は，引張試験と逆の方向にクロスヘッドを動かして試験片に圧縮力を負荷する．**圧縮強さ**（compressive strength）は，圧縮最大荷重を原断面積で除して求め，圧縮に対する強さを表す．鋳鉄のように脆い材料では，わずかな変形で割れが生じて破壊するため，そのときの最大の応力を圧縮強さとする．圧縮試験は，引張特性と異なる圧縮特性を示す鋳鉄のほか，非金属材料であるコンクリート材など，主に圧縮力を受けるような構造材料に対して行われる．

◢ 3.4.　硬 さ

硬さ（hardness）は，金属材料では引張強さとある程度の相関があり，試験が簡便なことから工業的に重要な機械的性質として多用されている．一般に，硬い材料は強いが伸びや絞りが小さく，脆くて展延性に劣るという傾向があるので，硬さによっておよその機械的性質を知ることができる．また，硬さは耐摩耗性にも関係がある．

硬さ試験は，測定原理の異なる方法が複数あり，現在，金属によく用いられるのは押し込み方式の硬さ試験である．**ブリネル硬さ**（brinell hardness, 硬さ記号 HBW など）・**ビッカース硬さ**（vickers hardness, 硬さ記号 HV）・**ロックウェル硬さ**（rockwell hardness, 硬さ記号 HRC, HRB など）があるが，これらの硬さは単純比較できないので，硬さの数値の後ろに硬さ記号や試験力をつける（例 640 HV10）．上述の硬さ試験においては，超硬合

金の球や先のとがったダイヤモンドの円錐か四角錐の圧子を，平滑な試料表面に押しつけ，できた圧痕（くぼみ）の大きさ（表面積または深さ）を測定する．同じ力ならば圧痕が小さいほど硬い．硬いほど硬さの値は大きい．一例として**図 3.8** にビッカース硬さ試験の原理を示す．各試験法を比較すると以下の特徴がある．試験力や圧子の大きさが異なり，圧痕の大きさは，おおむね，ブリネル＞ロックウェル＞ビッカースの順である．ブリネルは，試験力が大きく，微小な欠陥や介在物があっても安定して測れることから鋳物や大きめの部材に向いている．ロックウェルは，試験力が中程度であり，硬さ値が直読式で測定が容易であり，測定者による誤差要因が少ないため良く用いられてきている．しかし，硬さ測定の範囲が狭いため試験力や圧子を交換することでスケールを換えて対応しており，広範囲な硬さ値の統一性にやや欠ける．ビッカースは，圧痕の大きさを顕微鏡で拡大して目視か画像処理により測定するためやや面倒であるが，幅広い硬さに対応し，薄板や硬化層の測定に適した微小硬さ（試験力が 9.8 N 以下）にも対応しているなどの特長があり近年よく使われる．また，ビッカース硬さ試験機を用いて，形状の異なる圧子に変更して測定を行う**ヌープ硬さ**（knoop hardness，硬さ記号 HK）は，さらに薄膜や表層の硬さに向いている．このほか，表面の反発力から測定する原理の**ショア硬さ**（shore hardness，硬さ記号 HS）があり，試験機が小型で可搬型であるという特長をもつ．なお，異なる試験法の硬さの値は厳密には換算できないが，実用上便利な硬さ換算表があり，JIS ハンドブック等に記載されている．

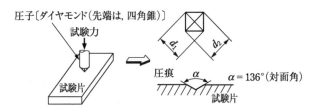

圧痕の対角線長さ（d_1 と d_2 の平均値）を測定する．

図 3.8　ビッカース硬さ試験

3.5. 靱性（衝撃試験）

　構造部材や機械部品には，急激に大きな荷重，すなわち衝撃荷重（impact load）がかかることがある．脆い材料は特に衝撃荷重で破壊しやすい．材料の破壊しやすい性質を脆さまたは**脆性**（brittleness）という．逆に，破壊しにくい性質を粘り強さまたは**靱性**（toughness）といい，衝撃試験によって調べることができる．金属材料については**シャルピー衝撃試験**（Charpy impact test）が標準的であり，プラスチックにはアイゾット衝撃試験を用いることが多い．

　シャルピー衝撃試験は，**図3.9**のような振り子形のハンマを所定の高さか

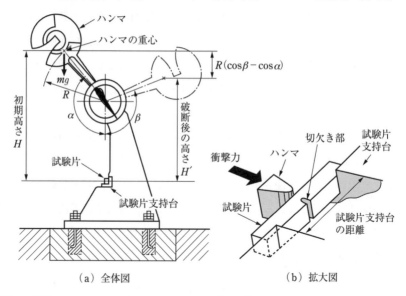

（a）全体図　　　　　　　　　　（b）拡大図

試験片を破断するのに要した吸収エネルギ：$E = mg(H-H') = mgR(\cos\beta - \cos\alpha)$〔J〕

衝撃値：$\dfrac{E}{A}$〔J/cm²〕

m：ハンマの質量〔kg〕
R：回転軸の中心からハンマの重心までの距離〔m〕
α：ハンマの持上げ角度〔°〕
β：試験片破断後のハンマの振上がり角度〔°〕
A：切欠き部の原断面積〔cm²〕

図3.9　シャルピー衝撃試験

ら振り下ろすことで最下点においた試験片を破断する．試験片は角柱状で中央にノッチと呼ばれる切欠きを入れてある．**シャルピー衝撃値**（Charpy impact value）は，破断後のハンマの振り上がり高さを測り，初期高さとの差から求めた破断に要した吸収エネルギを，試験片の切欠き部の原断面積で除して求める．靱性のある材料は，破壊までに塑性変形が起きて大きなエネルギを吸収するのでシャルピー衝撃値は大きい．強さと靱性を両立することは難しいが，兼ね備えた場合，**強靱**（tough）であるという．一般に延性と靱性はよく一致するので，引張試験の応力-ひずみ線図において，図 3.6 に示したように右上方向に大きく伸びる材料は，強靱である．

　金属材料は，高温では強さや硬さが低下するが，変形しやすい．しかし，低温では脆くなるという低温脆性を示すことがある．**図 3.10** に，炭素鋼の温度による吸収エネルギの変化を示す．炭素鋼は，−30℃以下の低温において吸収エネルギが急激に低下して脆くなる傾向があり，低温脆性を示すことがわかる．使用される環境をよく考慮して材料選択や強度計算をしなければならない一例である．

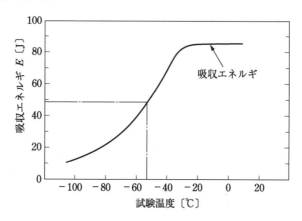

図 3.10　シャルピー衝撃の吸収エネルギと試験温度の関係

3.6. 疲れ強さ（疲労試験）

　部材が，振動や回転などによって，繰返し応力を長時間受ける場合，それが静的な破壊応力（例えば引張強さ）より非常に小さくても破壊することがある．このような現象を**疲れ**または**疲労**（fatigue）という．疲労破壊は機械部品の使用時間が経過することにより突然起こる現象であり，予想しにくい側面がある．そのため電車や航空機などの整備における定期点検作業は大事故を防止するうえで非常に重要である．一方，設計においては疲労破壊を防止するために，材料の疲労特性を把握する必要がある．

　疲労試験（fatigue test）の方法は多種多様であるが，試料に加えられる応力の種類により，回転曲げ，平面曲げ，引張圧縮，ねじり試験やそれらを組み合わせた方法がある．実際の使用状況を考慮し，回転軸部材は回転曲げ試験が，角材や板材では平面曲げ試験が多用されている．

　図3.11に示す回転曲げ試験は，2点支持のおもりにより試験片を湾曲させ，モータで回転させて試験片の表面に**図3.12**のような圧縮・引張応力を与え，破壊するまでの繰返し数を求める試験方法である．応力振幅 σ_a（stress amplitude）は，繰返し応力の最大応力と最小応力の差の1/2であり，疲労に大きく影響する．これは，平均応力をゼロとして圧縮・引張の応力が交互に負荷されている両振り応力である．一方，静的に応力を負荷しながら振動さ

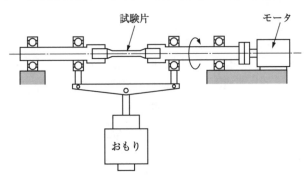

試験片　　　モータ

おもり

図3.11　回転曲げ疲労試験

せることもあるので，繰返し応力は**図 3.13** のように一般化して考えることができる．

　疲労特性は**図 3.14** のような応力振幅–破断繰返し数の関係で表される．これは，応力振幅 σ_a を変えて複数の試験片を疲労試験し，破断したときの繰返し数 N との関係を整理したもので，一般に **S-N 曲線**（S-N curve）と呼ばれる．応力振幅の低下に伴って破壊までの繰返し数が増加する．この線の下の領域では疲労破壊を起こさない．鉄鋼材料では繰返し数が $10^6 \sim 10^7$ 程度で S-N 曲線が折れ曲がり，それ以後は水平となる．折れ点以下の応力振幅ではどんなに長時間でも破断しないとみなし，この応力を**疲れ限度**または**疲労限度**（fatigue limit）として評価する．一方，アルミニウム合金など非鉄金属の場合は，いつまでも右下がりの曲線となり水平部が現れず，一般に疲労限度が存在しない．このような場合は指定された繰返し数に耐える応力振幅の上限値を**時間強さ**（fatigue strength at N cycles）として評価する（例えば 10^7 回時間強さ）．なお，**疲れ強さ**または**疲労強度**（fatigue

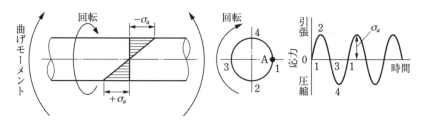

図 3.12　回転曲げ疲労試験における変動応力

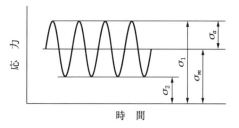

図 3.13　疲労試験における応力

strength）は，疲れ限度と時間強さの総称である．

　疲れ強さは，**図 3.15** に示すように，基本的には引張強さや硬さと相関性がある．負荷モード別に，引張強さと疲れ限度との関係，すなわち引張強さに乗ずる係数を示す．

　回転曲げ：0.35〜0.64

　両振り引張圧縮：0.33〜0.59

　ねじり：0.22〜0.37

　ただし，この相関性は材料の引張強さが極端に大きくなると成り立たず，疲れ強さはあまり向上しない．これは引張強さの向上に伴って脆性的になり，切欠き感度も上がって材料の微細な欠陥の影響が大きくなるためと考えられる．

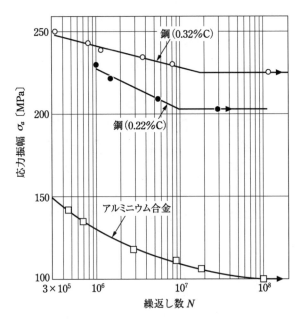

図 3.14　*S-N* 曲線

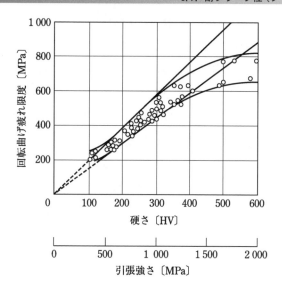

図 3.15　鋼の回転曲げ疲れ限度と硬さおよび引張強さの関係

3.7. 耐クリープ性（クリープ試験）

　材料に一定の力を長時間加え続けると，時間の経過とともにゆっくりと変形する現象があり，これを**クリープ**（creep）という．クリープが進行すると，最後には材料は破断する．クリープは，プラスチックなどで顕著であるが，金属材料でも高温（T > 0.3 T$_m$, T$_m$ は融点）において弾性限度以下の力で起こる現象である．高温になるほど起こりやすいため，高温のもとで長時間使用される機械部品では特に重要な問題である．

　クリープ試験（creep test）とは，クリープや応力緩和を測定するための試験であり，一定の温度下で長期にわたり試験片長手方向に一定の試験力または一定の引張応力を負荷して，次の項目などを測定する．

1. クリープ伸び時間（規定のクリープ伸びまでの時間）

2. クリープ破断時間

　クリープ試験の詳細結果は**図 3.16** に示すようなクリープ曲線（ひずみ–時

間の線図）として表される．一般的に金属材料ではクリープひずみ速度の違いによる3段階を経て破断に至る．遷移クリープ（第一次クリープ）は，瞬間ひずみ後クリープひずみ速度が時間とともに減少する．定常クリープ（第二次クリープ）は，ほぼ一定でひずみが進行する．加速クリープ（第三次クリープ）は，クリープひずみ速度が時間とともに増加し，破断に至る．ただし，低温または低荷重のときには，定常クリープの時間が長くなるので破断まで行わないのがふつうである．一般に，クリープ試験は非常に時間がかかるため，クリープ破断を起こすような比較的高い試験力によって**クリープ破断試験**（creep rupture test）を行う．クリープ破断試験により，応力-破断時間線図（両対数プロット）を得て，ある特定の時間でのクリープ破断強さを求めることができる．このほか，クリープ破断伸びおよびクリープ破断絞りなど，さまざまな評価法がある．

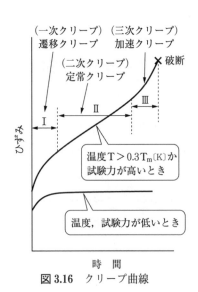

図3.16　クリープ曲線

第4章

金属の塑性加工と組織

4.1. 塑性加工と金属組織

　材料を所望の形状にする際の，加工しやすさを**加工性**（workability）という．金属材料は大きな力を加え変形させて，薄くしたり，細くしたり，曲げたりすることができる．

　このように塑性変形によって成形する加工方法を**塑性加工**（forming, plastic working）といい，**図4.1**に示すように，圧延や鍛造・押出し・引抜き・曲げ・せん断・深絞りなどがある．塑性加工された製品の多くは，圧縮力によって材料内部の気泡などの欠陥が圧着されて均質な組織になるので，安定した材質が得られて粘り強くなるというメリットもある．

　塑性変形のしやすさを引張力では**延性**（ductility），圧縮力では**展性**または**可鍛性**（malleability）といい，あわせて**展延性**（ductility）という．

4.2. 結晶の変形のしくみ

　金属材料はふつう多数の結晶粒が集まってできている多結晶である．ここでは，まず結晶内の塑性変形のしくみを考えるために，全体が一つの結晶でできている試料，すなわち単結晶に外力を加えて変形させる場合を考える．

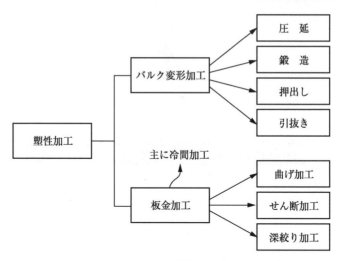

図 4.1　金属の塑性加工プロセス

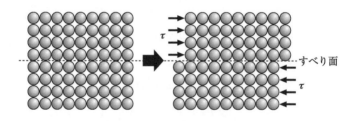

一気にすべる場合

図 4.2　単結晶のすべり

図 4.2 のように，外力を加えると整然としていた結晶内において，結晶面に沿ってすべりを起こしてずれが生じる．これを**すべり**（slip）による変形という．単結晶の塊を**図 4.3**のように引張ることにより，結晶面でのすべりが多数発生し，全体として比較的なめらかな塑性変形が起こる．このすべった面を**すべり面**（slip plane）と呼んでいる．すべり面とすべり方向の組合せをすべり系という．基本的なすべり面は原子が最も密に並んでいる面（最密面）であり，結晶構造の違いによって特徴がある．

　実際の引張りでは，多結晶なのでこの図のように塊として横方向に大きく変形することはない．金属が強くて硬いことは，変形しにくいことなので，

このようなすべりを起こさせるのに大きな力が必要である.

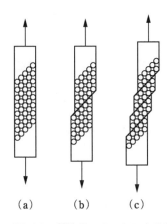

図 4.3 単結晶のすべりによる変形

4.3. すべり変形と転位の運動

　結晶のすべりは実際にはすべり面上の原子が一気に移動するのではなく,図 4.4 に示すように,**転位** (dislocations) がすべり面上で運動することによって起こる.規則正しい配列の結晶が一気に移動してすべりが起こると仮定し,計算によりすべりに必要なせん断応力,すなわち理想強度を求めると非常に大きな値であるが,実際に実験で得られるすべり開始の応力のほうが1/1 000 以下ではるかに小さい.このことは,転位の移動によって結晶が

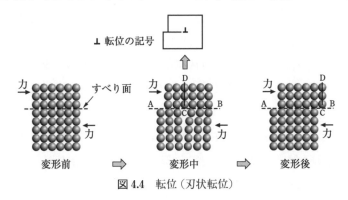

図 4.4 転位 (刃状転位)

理想強度よりも低い応力で変形することを意味する．この概念は，**図 4.5** に示すように大きくて重いじゅうたんを一気にずらすには大きな力が必要であるが，しわを作ってそれを少しずつ移動させることで小さな力で全体をずらすことが可能であることに似ており，このしわが結晶のすべり変形における転位に相当する．

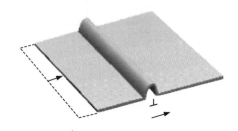

図 4.5　転位によるすべりの概念図

4.4.　双晶による変形

　塑性変形は上述のすべりによる変形機構が基本であるが，もうひとつの変形機構として，**双晶変形**（twinning deformation）がある．双晶変形では**図 4.6** のように外力により原子層がずれて生成する組織の**双晶**（twin）がみられ，双晶面の間の範囲がその外側の元の結晶に対して双晶面を対称面とした鏡面対称の関係となっている．双晶変形は，稠密六方格子（hcp）や体心立方格子（bcc）の金属で比較的起こりやすい．一般にすべり変形に比べて，低温環境下および衝撃荷重を受ける場合において発生しやすく，その発生応力は温度および荷重速度にあまり依存しない．また，すべり変形に比べて，進行速度はきわめて速い．また，一度発生した後には，発生応力より低い応力のもとで伝搬しうる．

　この外力による変形双晶（deformation twin）とは生成機構の異なる双晶もある．焼なまし双晶（annealing twin）は，高温に加熱したときに起こる結晶粒界の移動である再結晶に伴って形成される双晶で，黄銅（Cu-Zn

合金；真鍮）やオーステナイト系ステンレス鋼などの面心立方格子（fcc）の構造を有する金属で観察される．また，変態双晶（transformation twin）は変態するときに形成される双晶である．

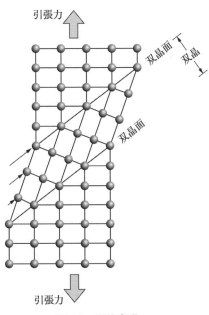

図4.6 双晶変形

4.5. 加工硬化

　一般的な金属材料は多結晶であり，塑性加工によって図4.7のように結晶粒が変形する．ひとつひとつの結晶のなかで，すべりが数多く生じて，材料全体が変形する．塑性加工の度合によって機械的性質がどのように変化するかの例として，図4.8に純銅を圧延加工した場合の，加工度と機械的性質の関係を示す．ここで，横軸の加工度は，断面減少率（reduction in area）のことで，次式により求められる．

$$加工度 = \frac{原断面積\ A_0 - 変形後の断面積\ A}{原断面積\ A_0} \times 100 \ (\%)$$

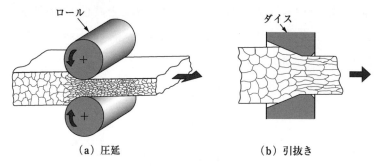

(a) 圧延　　　　　　　　**(b)** 引抜き

図 4.7　塑性加工(圧延・引抜き)と組織変化

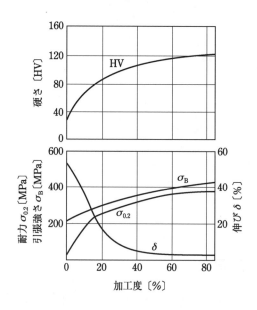

図 4.8　加工硬化(純銅, 室温)

圧延では, 加工によって幅がほとんど変わらないので板厚減少率を加工度として扱うのが一般的で, これを圧下率 (reduction in thickness) という. 図からもわかるように, 塑性加工していくと, あきらかに強く・硬くなるという特徴がある. この現象を**加工硬化** (work hardening) という. 金属結晶の強さを高めるには転位を動きにくくすればよい. 加工硬化では, 塑性変形により導入された, 増殖した転位どうしが互いの運動を妨げることなどで,

すべり変形が起こりにくくなる．このような転位間の相互作用によって，すべり変形の抵抗力が生じるが，これは転位密度に関係している．

　また，一般に加工硬化すると同時に伸びは小さくなる傾向がある．これら傾向はどの金属にも共通であるが，金属や合金の種類によってその程度は異なる．

4.6. 回復と再結晶

　塑性加工により加工硬化した金属材料は，機械的性質のバランスを取るため，またはさらに塑性加工を続けるために，図 4.9 のように，焼なましをされることが多い．図 4.10 は，加工硬化した金属を焼なました場合の温度と硬さなどの諸性質の変化を示したものである．まず低い温度に加熱すると，まず転位密度が減ってひずみが減少し，すべり変形が起こりやすくなるため，若干ではあるが硬さの低下が認められる．このように，温度が上がっても硬

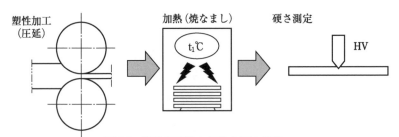

図 4.9　塑性加工後の加熱と硬さ測定

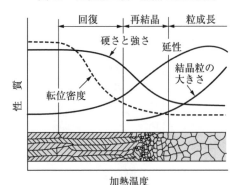

図 4.10　加工硬化した金属を加熱したときの諸性質の変化

さがさほど変わらない温度域での現象は，加工前のひずみ状態に戻ろうとする傾向があるので**回復**（recovery）と呼ばれている．さらに，加熱温度を上昇させると，硬さ・強さが急に減少し，延性が増加する．この温度域では，変形を受けてひずみをもった組織のなかに，新しい加工の影響のない結晶が発生し，しだいに全体が新しい結晶に生まれ変わる．これを**再結晶**（recrystallization）という．再結晶温度を便宜的に硬さ変化から決めるときは**図 4.11** のように，焼なまし前の硬さと高温の焼なましによって完全に軟化した硬さとの中間の硬さになるときの温度とする方法もある．また，**図**

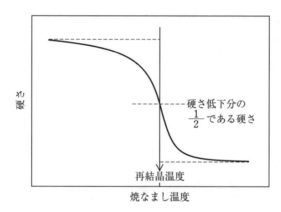

図 4.11　硬さ変化による再結晶温度の決め方の例

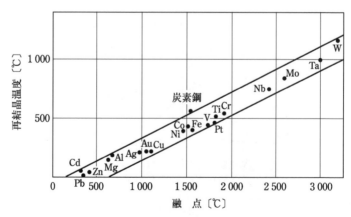

図 4.12　金属の融点と再結晶温度の関係

4.12 に示すとおり，再結晶温度 T_r 〔K〕は金属によって異なっており，その金属の融点 T_m 〔K〕に依存し，おおむね $T_r = 0.4 \sim 0.5T_m$ の関係にあることが知られている．

再結晶の温度域よりもさらに高温に加熱すると，温度の上昇や時間の経過とともに結晶粒の併合が進む（結晶粒の成長）．温度の上げすぎは全体が粗大な結晶粒の組織になり，機械的性質が低下するので注意が必要である．

4.7. 冷間加工と熱間加工

一般に，再結晶温度以下で行う加工を**冷間加工**（cold working），再結晶温度以上で行う加工を**熱間加工**（hot working）という．再結晶温度は金属によって異なるため，同じ温度で加工しても，ある金属は冷間加工であり，別の金属は熱間加工となることがある．主な実用金属材料の熱間加工の標準温度を**表 4.1** に示す．

表 4.1　主な金属材料の熱間加工の標準温度

温度 ＼ 金属材料	炭素鋼	ステンレス鋼	高速度工具鋼	高張力鋼	ばね鋼	Al-Cu-Mg系合金	銅	黄銅（七三）	黄銅（六四）
加熱温度〔℃〕	1200	1200	1250	1250	1150	510	870	850	850
仕上温度〔℃〕	800	900	950	800	900	400	750	700	500

冷間加工は，薄板や線材のように寸法精度や表面のなめらかさ，また，強さ・硬さが求められる場合に行われる．一方，熱間加工は，再結晶温度以上に加熱した状態で行うので，加工中に焼なまし作用が起こるので硬化しにくく，冷間加工よりはるかに変形させやすいため，大きな加工度を要するときに有効である．

なお，鉛・スズなどの再結晶温度は常温以下なので，常温で容易に変形し加工硬化しにくい．

4.8. 加工度と再結晶

　再結晶温度は，金属の種類によって異なるが，同じ金属であっても加工度の違いによって異なる．図4.13は加工度が異なるときの焼なまし温度と硬さの関係を，純銅の圧延の例で示したものである．このように，加工度の小さいものは再結晶温度が高いが，加工度の大きいものは再結晶温度が低くなる．この傾向はほとんどの金属材料でみられ，加工度による再結晶温度の変化を図4.14に示す．なお，加工度が明示されず単に再結晶温度と呼ぶとき

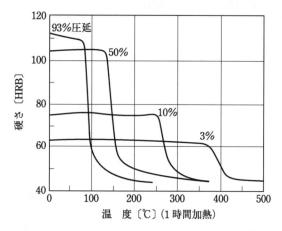

図4.13　加工度が異なるときの焼なまし温度と硬さの関係（純銅）

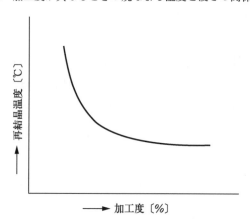

図4.14　加工度による再結晶温度の変化

は，加工度が大きいときで，その材料で再結晶が認められる最も低い温度で
あるのが一般的である．

　一般に，加工度の小さいものを高温度で焼なますことは結晶粒の粗大化を
招き，諸性質を低下させやすいので避けなければならない．詳細は後述する．

4.9. 結晶粒微細化による強化

　金属は，同じ材料でも結晶粒の大きさにより機械的性質が変化する．
図 **4.15** に示すように，多結晶材料の降伏応力は，平均結晶粒径 d の平方根
（1/2 乗）に反比例することがわかる．この関係は，**ホールペッチの法則**
（Hall–Petch relation）として良く知られている．結晶粒界をはさんでとな
り合う結晶粒の方向は互いに異なり，転位は粒界を自由に通り抜けることは
できない．したがって，結晶粒が小さくなることは粒界の密度が高くなって，
転位は相対的に動きにくくなり，ゆえに硬くなる．

　合金元素の添加により強化する方法もあるが，そのコストやリサイクル性，
などを考慮すると，金属の組成（成分）を変えずに機械的性質の改善ができる
ことはメリットがあるため，盛んに結晶粒微細化の研究がなされている．

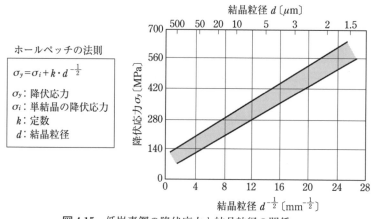

図 **4.15**　低炭素鋼の降伏応力と結晶粒径の関係

　また，塑性加工と熱処理の組合せによって，微細組織を得ることで，熱処理のみでは達成されない強靭（高強度・高靭性）な特性を得る工程を**加工熱処理**（thermo-mechanical treatment）という．この強度と靭性の上昇は，転位密度の増加，析出物の均一な生成と微細化，結晶粒径の微細化などの複合要因によってもたらされる．

第 **5** 章

状態図の基礎

▉ 5.1. 金属の相変態

　金属の性質は，高温状態からの冷却のしかたにより大きく影響される．このことは鋳造や熱処理などの工程において重要なことである．

　まず，金属を加熱すると原子の動きが活発になり，特定の温度で原子の配列が乱れて結晶がくずれ，固体から液体（融液）に変化する．この現象を**溶融**または**融解**（melting）といい，融解するときの温度を**融点**（melting point）という．逆に，冷却により融液から固体に変わることを**凝固**（solidification）といい，このときの温度を**凝固点**（solidifying point）という．

　溶融金属をゆっくり冷却するときの凝固過程を**図 5.1** に示す．溶融金属の原子は温度低下とともに運動エネルギを失い，凝固点に達すると結晶の核が各所に生成し（同図 (a)），しだいにそれぞれの核から結晶が成長して（同図 (b)），溶融金属がすべて結晶となり凝固が完了する（同図 (c)）．金属の断面を平滑に研磨したのち薬品で腐食（エッチングという）させることにより，結晶粒界が観察できる（同図 (d)）．

　物質の結晶状態や物性などの観点で，同じ特徴をもつ領域を**相**（phase）という．温度変化などにより，物理的性質や原子配列が変化することを**相変態**（phase transformation）という．

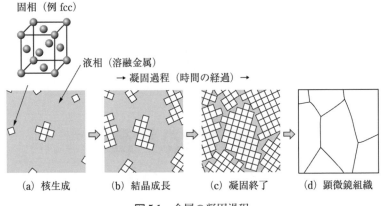

図 5.1 金属の凝固過程

5.2. 合金の組織

合金（alloy）は，複数の元素を混ぜた金属材料であり，一般に純金属より
も強さなどの機械的性質が良好なため構造材料として広く使われている．例
えば，鋼は Fe に C を，黄銅は Cu に Zn を添加した合金である．合金また
は各相における元素の成分比率を組成（composition）または化学組成
（chemical composition）という．合金を高温で構成元素が完全に溶融して
いる状態から温度を下げて凝固させたとき，構成元素が全体でおおむね均一
に混合して一つの相になるか，複数の相になるかは元素の組合せや冷却速度
によってさまざまである．固体の合金中に現れる相の種類には純金属のほか，
固溶体，金属間化合物などがある．

5.2.1. 固溶体

固溶体（solid solution）は，合金における固体の相の一形態で，母相
（溶媒）原子の格子中に，異種（溶質）原子が混合している状態である．固溶
体はその形態により，図 5.2 に示す，（b）置換型固溶体（substitutional
solid solution）と（c）侵入型固溶体（interstitial solid solution）とがある．
置換型固溶体は，溶媒元素の格子に直径の異なる溶質原子が置き換わってい

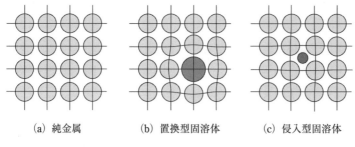

(a) 純金属   (b) 置換型固溶体   (c) 侵入型固溶体

図 5.2　純金属と固溶体

る．一方，侵入型固溶体は，溶媒元素の格子のすきまに小さい溶質原子が侵入している．

　固溶体では，大きさの異なる溶質原子の存在のために格子がひずんでおり，転位が通りにくくなるため純金属よりも強さが増加する．このことを**固溶強化**（solid solution strengthening）といい，金属を強化する方法のひとつである．**図 5.3** は鉄への異種原子の固溶に伴う降伏応力の変化を示しており，さまざまな元素の添加により固溶強化することがわかる．

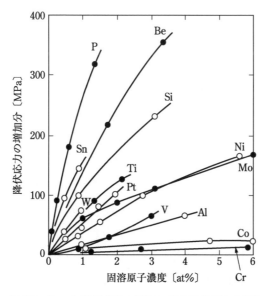

図 5.3　鉄への異種原子の固溶に伴う降伏応力の変化

　溶媒と溶質の原子の大きさが同じぐらい（原子半径の違いが約 15% 以内）のときは置換型固溶体を作りやすいが，それより大きく異なると，ほとんど混ざらずに固溶体を作らなくなる．これを，<u>ヒューム・ロザリーの原子容積効果則</u>という．この法則の例として，**図 5.4** に銅に対する合金元素の原子の大きさの比と最大固溶度の関係を示す．

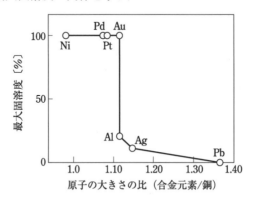

図 5.4　銅に対する合金元素の原子の大きさの比と最大固溶度の関係

　溶質原子が，小さい非金属元素の，水素（H），炭素（C），窒素（N），ホウ素（B），酸素（O）などの場合は，母相結晶格子の原子間のすきまに侵入しやすく，侵入型固溶体を作りやすい．鋼（Fe-C 合金）がこの例である．

5. 2. 2.　金属間化合物

　合金中に現れる相の形態として，純金属，固溶体のほかに，**金属間化合物**（intermetallic compound）がある．金属間化合物は，構成元素が規則的に配列しているものであり，<u>一般に原子比は整数</u>である．原子配列の概念図を**図 5.5** に示す．<u>固溶体</u>は，同図（a）のように溶媒金属の格子における溶質原子の配置に<u>規則性がない</u>のに対し，<u>金属間化合物</u>は，同図（b）のように構成元素の配列に<u>規則性がある</u>のが特徴である．

　金属間化合物の性質は，構成元素とは著しく異なる．合金の結晶粒界に析出し粗大化すると材料が脆くなることがある．逆に，特徴を生かして，金属間化合物を純金属または固溶体中に分散させると，硬い材料や，耐摩耗性の

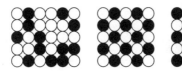

○ A 原子　● B 原子

(a) 不規則配列　　　　(b) 規則配列
　　(固溶体)　　　　　　　(化合物)

図 5.5 固溶体と化合物の違い

優れた材料を得ることができる.

　金属間化合物の特徴的な特性や機能を生かして, 合金中の相としてではなく, 主材料として積極的に使われることもある.

5.3. 状態図

　純金属や合金は, 温度変化により相変態するとき, 通常は原子の移動すなわち**拡散** (diffusion) を伴う. そのため, 変態温度を正確に測定する際には非常にゆっくりと時間をかけて冷却または加熱する必要がある.

　温度や圧力などの環境が急変されずに平穏な状態におかれて, さらに時間が経過しても変態を起こさずに安定している物質の状態を**平衡状態** (equilibrium state) という. 平衡状態の相を温度と組成の関係で示した図は, **平衡状態図**または**状態図** (equilibrium diagram), **相図** (phase diagram) といわれる. 状態図には, 相変態する境界線が表記されているが, 温度変化が十分に遅くなければ再現しない. もし, 焼入れのように急冷することで相変態に必要な時間がないときは, 変態温度がずれるか, または相変態がないこともある. このような場合は, 状態図には記入されていない別の相変態が起こることもある. このように, 急な温度変化などのために組織的に不安定な状態にあるとき, **非平衡状態** (nonequilibrium state) という. 非平衡状態は結晶格子にひずみが生じているなどの理由で, 平衡状態よりもむしろ**機械的に強くなる**などのメリットもあるので, 使用目的に応じた熱処理を行っ

て非平衡状態で使われることもある.

5.4. 二元系状態図

　実用合金は多くの元素から構成されているが，相変化挙動の特徴は主要な元素のみの合金の特徴を反映していることが多いため，まずは2元素の合金における相変態を把握することは実用材料を扱う上で重要である．状態図は，構成する元素の数が2つであれば，二元系状態図と呼ばれる.

5.4.1. 合金の凝固と相変態

　溶融した純金属をゆっくりと冷却するとき，凝固点付近の温度変化は，図5.6 (a) のように凝固温度にて凝固し始めてから全体が凝固完了するまで温度一定に保たれる．これは，液体の金属が凝固するときに潜熱 (latent heat) を放出するためである．温度一定のまま，固相の量がしだいに増加し，凝固完了とともに温度が低下する．このように溶融金属が冷えていくときの温度を連続的に測定し，時間と温度の関係を表示したグラフを冷却曲線と呼ぶ．一方，合金の冷却曲線は，同図 (b) のように，凝固し始めてから全体が凝固するまでの間，温度が一定に保たれることなく温度低下することが多い.

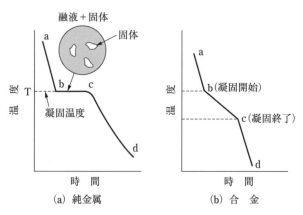

図 5.6　純金属と合金の冷却曲線

5.4.2. 全率固溶型状態図

合金の組成が異なれば，冷却時の挙動も異なる．ここで，A 金属と B 金属の二元合金（A-B 合金）の組成が異なるときに，冷却曲線がどのように変化するかの例を**図 5.7**（a）に示す．合金は，凝固中に温度低下し，凝固温度として区間をもっているが，合金組成が異なれば，その凝固区間の温度が変化することがわかる．

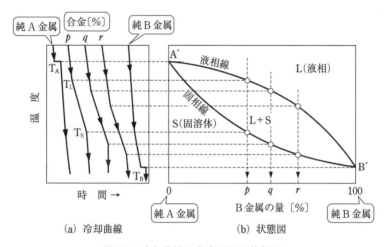

（a）冷却曲線　　　　　（b）状態図

図 5.7　冷却曲線と全率固溶型状態図

合金の冷却曲線の変曲点は，凝固開始温度と終了温度である．これらの温度を合金の組成ごとに整理し，A-B 合金の組成（B 金属の量）を横軸に，温度を縦軸にとった同図（b）の二元系状態図中に点としてプロットする（本書では原則 mass％を％と表記する）．例えば，A 純金属は B が 0％なので左端，B 純金属は B が 100％なので右端に示される．組成の異なる多数の合金の冷却曲線を得て，状態図に点を多数プロットすれば，同図（b）のような曲線となる．この状態図にある 2 本の曲線のうち高温側の線は凝固開始温度を示し，これを**液相線**（liquidus line）という．一方，低温側の線は凝固終了温度を示し，これを**固相線**（solidus line）と呼ぶ．状態図において，液相線より上の温度では液相（L：Liquid）であり，固相線以下では固相（S：Solid）である．また，液相線と固相線の間では固相と液相が共存しており，固

液共存領域という．このように状態図には，ある組成の合金がある温度にお
いて，どんな相であるかが示され，ゆっくりと温度変化させると，何度でど
のような相変化が起こるかがわかる．なお，同じ結晶構造をもつなど同一の
特徴をもつなら組成が異なっていても，同じ相としてとらえることが一般的
である．

　この状態図は，二元合金がすべての組成（全率）において，融液の状態で
は完全に溶け合い，固体は同じ結晶構造をもつ固溶体であるので，**全率固溶
型状態図**（isomorphous phase diagram）という．この型の状態図を示す
合金として，Cu-Ni 合金，Au-Ag 合金などがある．

　図 5.8 の A-B 系状態図を例にとり，いま B 金属の割合が x％，残りが A
金属である合金（一般にこれを A-x％B 合金と表記する）について調べてみ
る．合金組成の点 x を通る垂線上で，液相 L の領域から温度低下を考える．
まず，液相線との交点の温度 T_1 にて，固相 S （この場合は固溶体）の結晶
が現れ始める．一般に，<u>冷却により液相から固相の結晶が現れる現象を晶出
（crystallization）という</u>．温度低下とともに固相が増加して液相が減少す
る．このとき，固相と液相それぞれの組成は合金全体の組成 x％とは異なっ
ており，温度低下とともにそれぞれ変化する．

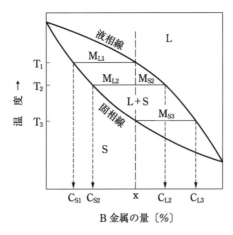

図 5.8　固液共存領域における液相・固相の組成と質量比

　ある温度でのそれぞれの組成は状態図から定量的に読み取ることができる．凝固途中（L＋S 領域）のある温度での組成は水平線を引き，固相は固相線との交点，液相は液相線との交点を横軸で読み取った組成である．これを具体的に図でみると，凝固開始の T_1 の温度では C_{S1} の組成の固相がわずかに晶出し，液相は合金全体の組成 x とほぼ同じである．さらに低下した温度 T_2 では，C_{S2} の固相と C_{L2} の液相が存在する．固相線の温度 T_3 で晶出が完了する直前に C_{L3} の融液とほぼ組成 x の固相が存在する．なお，非常に遅い速度での冷却で拡散により濃度が均一化すれば全体が組成 x の固溶体となる．

　また，ある温度での液相と固相の量的な割合もこの状態図から定量的に読み取れる．例えば，A-x%B 合金が T_2 温度の場合の液相と固相の比は，液相が左側の腕の長さ $M_{L2} = (x - C_{S2})$ で，固相が右側の腕の長さ $M_{S2} = (C_{L2} - x)$ である比率で表される．これは，てこの関係と呼ばれる．ここで，液相と固相の読み取り位置が感覚とは逆なので注意が必要である．まず，凝固開始の T_1 の温度では量的にほとんど液相であることをイメージして固相線までの腕の長さ（この場合は左側）が液相の量であることを確認し，温度低下を考えるとよい．液相と固相の比率を百分率で求めるときは，各温度における固相線と液相線の間の水平線の全長を分母にするとよい．例えば，T_2 での液相の割合は $\dfrac{x - C_{S2}}{C_{L2} - C_{S2}} \times 100$ で，固相の割合は $\dfrac{C_{L2} - x}{C_{L2} - C_{S2}} \times 100$ である．

5. 4. 3.　共晶型状態図

　高温で 1 相であった合金が，冷却により 2 相に分離する凝固反応がある．そのうち一定温度で分離し，液相→固相＋別の固相となる反応を**共晶反応**（eutectic reaction）という．この反応を含む状態図は**共晶型状態図**（eutectic phase diagram）である．固相として，純金属が分離晶出する場合と，固溶体として分離晶出する場合がある．ここでは，わかりやすさから 2 つの純金属が分離晶出する場合をまず考える．

5.4.3.1.　固溶体を作らない共晶型状態図

　図 5.9 は共晶型状態図の例であり，水平線と V 字型の液相線の組合せが見ための特徴である．液相線の最下点 E を**共晶点**（eutectic point）といい，その組成を共晶組成，温度は共晶温度という．また，共晶温度の水平線を共晶等温線という．この共晶型状態図では，合金が徐冷されると，共晶温度において，A と B とが固溶体を作らずに，純金属のまま同時に交互に晶出する．このように共晶反応により晶出した組織を**共晶組織**（eutectic microstructure）といい，通常，2 相が交互に晶出した**層状組織**（lamellar structure）である．共晶組成の合金は共晶合金，共晶組成よりも左側で B が少ない合金を亜共晶合金，右側で B が多い合金を過共晶合金という．共晶状態図では液相線が V 字形で，共晶組成付近は融点が低いため鋳造用合金として都合が良い．

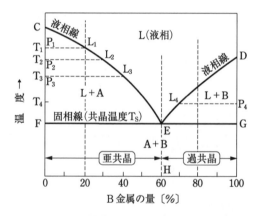

図 5.9　共晶型状態図（固溶体を作らない場合）

　まず，この状態図の共晶合金である A–60%B 合金を溶融状態から徐冷する場合の相変化について考えてみる．共晶合金の冷却曲線と組織変化を**図 5.10** に示す．融液から共晶温度に温度が下がったとき固相として共晶組織が晶出し始め，共晶温度一定のままその量は増加し，完全に凝固終了するとすべて共晶組織となる．それ以降は，温度が低下しても組織は変化せず，室温でもそのまますべて共晶組織である．

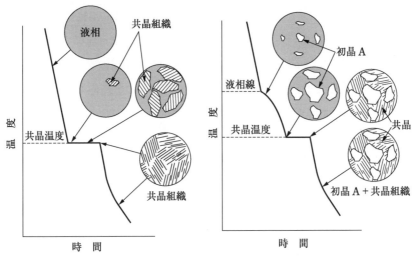

図 5.10　共晶合金の冷却曲線と
　　　　 組織変化

図 5.11　亜共晶合金の冷却曲線と
　　　　 組織変化

　次に，亜共晶合金の例として，A-20%B 合金を考える．**図 5.11** に冷却曲
線と組織変化を示す．図 5.9 の状態図で A-20%B の組成に立てた垂線に沿
って融液状態から温度が下がり，液相線に交わる温度 T_1 で A が晶出し始め
る．このように融液から最初に晶出する結晶は，もっと低い温度で晶出する
相と区別するために，**初晶**（primary crystal）と呼ばれる．図 5.11 に示す
ように液相線からの温度低下とともに初晶 A の晶出量は増加し，共晶温度
に達したとき初晶 A は最大量となる．このあとは，共晶温度一定のまま，
共晶温度に達したときに液相であった部分がすべて共晶組織として凝固する．
そして共晶温度以下では，初晶 A＋共晶組織となる．

　図 5.9 の状態図から，固液共存領域のある温度における固相，液相それぞ
れの組成とそれらの比率を定量的に見積もることができる．例えば，A-
20%B 合金を溶融状態から徐冷し固液共存の T_2 の温度のとき，固相の組成
は P_2 すなわち純 A 金属が晶出し，残った融液の組成は L_2 である．T_2 の温
度における液相の比率は，$\dfrac{20-P_2}{L_2-P_2}\times100$，固相の比率は，$\dfrac{L_2-20}{L_2-P_2}\times100$ で求
められる．さらに温度低下して共晶温度 T_S に達したとき，液相の比率は，

$\dfrac{20-\mathrm{F}}{\mathrm{E}-\mathrm{F}}\times100$，固相の比率は，$\dfrac{\mathrm{E}-20}{\mathrm{E}-\mathrm{F}}\times100$ である．共晶温度に達したとき
に残っている液相は，E 点の共晶組成であり，共晶合金と同様に共晶温度一
定で時間を要しながら共晶反応が起きて固相の共晶組織に変化する．

　なお，過共晶合金の場合は，初晶が B であることが異なるだけで，冷却
時の凝固過程は亜共晶の場合と同様に考えればよい．

5. 4. 3. 2.　固溶体を作る共晶型状態図

　実際の共晶型状態図の多くは，**図 5.12** のように α と β の固溶体を作る型
である．この A–B 系状態図において，α は A の固溶体で，β は B の固溶
体である．共晶組織は，α と β の層状組織である．この冷却過程における組
織変化は，固溶体を作らない場合と基本的には似ており，初晶は，亜共晶合
金で α であり，過共晶合金では β である．

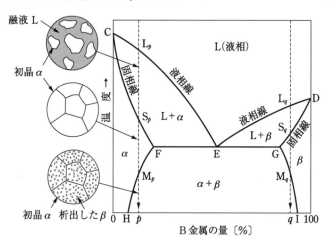

図 5.12　共晶型状態図（固溶体を作る場合）

　いま，この状態図で特徴的な凝固過程を示す組成の，A–p%B 合金につい
て考える．まず，液相線上の点 L_p の温度で初晶 α が晶出し始め，固相線 CF
にかかる点 S_p の温度ですべて α となり凝固が完了する．そのまま温度が下
がって曲線 FH 上の点 M_p まで相変態はない．この曲線 FH は，**溶解度曲線**

(solubility curve) といい, これは各温度での α への B 原子の固溶限を示している. 共晶温度であれば点 F の濃度まで B を固溶でき, これは最大固溶限である. しかし, 温度低下により曲線 FH に沿って B の固溶限が減り, 室温ではおよそ点 H の濃度まで固溶できる. A–p%B 合金に話を戻すと, M$_p$ 点以下では温度低下とともに固溶限が減るため α に固溶しきれなくなった B が β として析出する. 一般に固相から別の固相が現れる現象を**析出** (precipitation) という.

一方, 過共晶合金である q 点の組成の A–q%B 合金の場合は, A–p%B 合金での説明において, α と β を読み替えれば, おおむね同様な過程をたどる. ただし, β への A 金属の固溶量を読み取るときは, 横軸の右端で A 金属が 0%の濃度なので, 左に向かって増加する方向に読み取る.

また, F – G 間の組成をもつ合金の共晶組織は, 点 F の組成の α と点 G の組成の β との層状組織である. ところが, 温度低下に伴い, 初晶および共晶組織の α, β それぞれにおいて溶質原子の溶解度が減るため, 初晶および共晶の α 中の B がはき出されて β を析出し, 同時に β 中の A がはき出されて α を析出する. このように, 固溶体を作らない状態図の場合とは異なり, 共晶温度からの温度低下により組織が変化する.

なお, 共晶等温線の下の領域は, 簡素に α + β としか記載されていない. しかしそれは, 初晶 α または初晶 β, 共晶組織内の α と β, さらには析出した α や β などの組織を包括している.

固液共存領域のある温度における固相, 液相それぞれの組成とそれらの比率を定量的に見積るには, 図 5.8 による求め方と同様にして可能である.

5. 5. 鋳造と状態図

鋳造 (casting) は, 金属を高温に加熱して液体にして, 型に流し込み, 冷却・凝固させて目的の形状に固める加工方法である. 鋳造は, 紀元前からの長い歴史があり, 産業革命後の工業の発展とともに盛んに採用されるように

なり，現在でも重要な加工法のひとつである．

鋳造に使用する溶融金属のことを**溶湯**（molten metal）といい，型のことを**鋳型**（mold），鋳造でできた製品のことを**鋳物**（castings）という．その後，圧延，鍛造などを行うための鋳物を**鋳塊**または**インゴット**（ingot casting）という．良い鋳物を作るためには，鋳造性が重要である．鋳造性のひとつとして，湯流れ性があり，溶湯が鋳型のすみずみまで流れ込んで凝固することで良好な鋳物ができる．特に薄肉，複雑形状であればなおさらである．また，凝固後の金属の収縮が小さいほど鋳型設計・製作上の困難も少なくなる．

鋳造において，状態図から基本的な情報を読み取ることができ，各合金の凝固過程，凝固中の引け巣発生，凝固組織の様子がおおよそ予想される．

溶湯からの冷却が早いとき，拡散が十分に行われるための時間がないため，初めに晶出した部分と後に晶出した部分では組成に差が生ずる．状態図からは均一な固溶体になるはずでも，急激な温度変化により局所的に組成の違った組織となる．このように，本来は均質であるべき同一相であるのに，初めに凝固した部分と後に凝固した部分で濃度差ができることを**偏析**（segregation）という．また，鋳造による典型的な組織として，結晶成長の様子が反映されている樹枝状の**デンドライト**（dendrite）組織がある．

金型を用いた鋳造の場合は冷却速度が速く，**図 5.13** のような凝固過程を経る．鋳型に注入された溶融金属は鋳型に接する部分は急冷されるために鋳型近傍では多数の固相の核が生じて微細な等軸晶の**チル層**（chill zone）が形成される．これは非常に薄く硬いため，製品として良好な表面が得られる．鋳型から中心部方向には温度勾配が生じるため，チル層の内側は温度勾配に従って柱状晶が成長し，最終的に凝固する中心部は温度勾配が少なくなるため等軸晶となる．

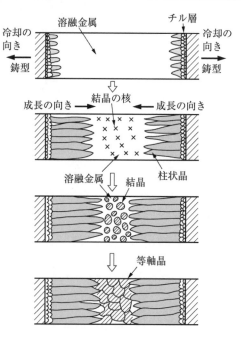

図 5.13　金型を用いた鋳造時の凝固過程

第 **6** 章

鉄鋼材料の状態図と組織

▎ *6. 1. 鉄と鋼の分類*

鉄鋼 (iron and steel) は, 基本的には Fe-C 合金であり, その性質に大きな影響を与える C の含有量の違いによって **図 6.1** に示すように 3 種類に大別できる. 0.022%C 以下で不純物が少ないものは工業用の**純鉄** (pure iron) または単に**鉄** (iron), 0.022～2.14%C のものは**鋼** (steel), 2.14～6.67%C のものは**鋳鉄** (cast iron) である. なお, これら境界の C 量は, 後述する Fe-C 系状態図に基づくものである.

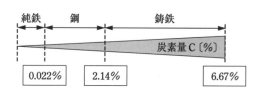

図 6.1 鉄鋼材料の炭素量による分類

なお, 鉄鋼は, C のほかにごく少量の Si, Mn, P, S (鋼の 5 元素) を含んでいる. さらに特性改善を目的として, これら以外の元素を添加することもあるが, 添加していないふつうの鋼を**炭素鋼** (carbon steel) という.

6.2. 純鉄の変態と組織

　純鉄は機械材料として用いられることはほとんどない．しかし，鉄鋼の性質を知るうえで，純鉄の性質を理解しておくことは大切である．

　純鉄を融液状態から徐々に冷却すると，**図6.2**のような冷却曲線を示す．融液から室温までの間に，温度が一定になる箇所が3カ所ある．まず，1538℃は凝固点である．さらに冷却すると1394℃と912℃では変態により，固相のまま結晶構造が変化する．これらの相の名称は低い温度からそれぞれα鉄，γ鉄，δ鉄と呼称する．なお，α鉄を加熱すると磁気変態点があるが，詳細な研究の結果，結晶の変態はないことがわかったので，当初考えられていたβ鉄は存在しない．

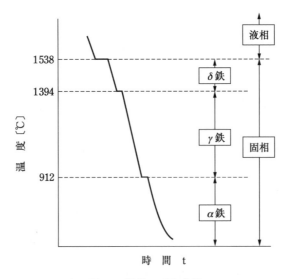

図6.2　純鉄の冷却曲線

　純鉄の変態を，**図6.3**の加熱・冷却したときの体積収縮，膨張の様子で考えてみる．一般に，金属材料を加熱すると，ゆるやかに膨張するが，純鉄も同様である．純鉄を加熱すると，912℃で急に収縮し，1394℃で急に膨張することがわかる．これらは結晶構造の変化によるものである．純鉄は室温時

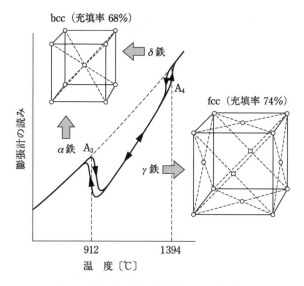

図6.3 純鉄の変態における体積変化

には bcc 構造の α 鉄であるが，加熱すると 912℃で fcc 構造の γ 鉄へ変化する．この α⇔γ の変態を A₃ 変態といい，加熱時に単位胞の充填率が 68％から 74％に上昇することから体積が収縮する．なお，A₁ 変態は鋼でみられる変態であり，純鉄ではみられない．また，A₂ は前述の α 鉄の磁気変態点である．さらに温度上昇すると，1 394℃で fcc 構造の γ 鉄が bcc 構造の δ-Fe へ変化する．この γ⇔δ の変態を A₄ 変態といい，A₄ 温度以上では α 鉄と同じ bcc 構造のため，図 6.3 をみると，fcc への変化がなかった場合に想定される破線で示した膨張曲線上に戻る．このように，同じ元素でありながら，ある温度を境にして結晶系を可逆的に変える変態を同素変態という．

なおこの図から，γ 鉄のほうが α 鉄に比べて膨張係数が大きいこともわかる．また，この図では変態温度が冷却，加熱時に異なっているが，きわめて遅い温度変化ならば，同じ温度で変態が起こる．

6.3. Fe-C系状態図と炭素鋼の組織

6.3.1. Fe-C系状態図

　図6.4 は Fe-C 系状態図で，鉄鋼材料を説明するのに必要な炭素量の範囲（～6.67％C）までを示している．前述の鉄鋼材料の大分類を確認すると，状態図の P 点と E 点を境に，純鉄＜（P 点の組成）＜鋼＜（E 点の組成）＜鋳鉄である．

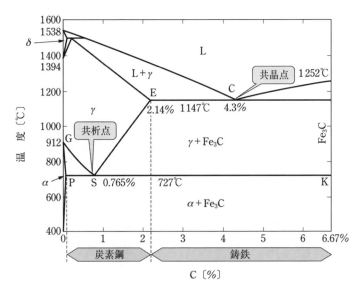

図6.4　Fe-C 系状態図

　Fe-C 合金である炭素鋼では，純鉄の同素変態による α 鉄・γ 鉄・δ 鉄に，少量の C が侵入型に固溶して，それぞれ α 固溶体・γ 固溶体・δ 固溶体を作る．しかし，α 固溶体や γ 固溶体に固溶できる C には限度があるため，準安定な化合物（炭化物）の Fe_3C を形成する傾向がある．したがってこれは，実用的な $Fe\text{-}Fe_3C$ 系準安定状態図を示しており，一般にこれを単に Fe-C 系状態図と呼ぶ．

　一般に，冷却により1つの固相から2つの固相が同時に析出するような変

態を**共析反応**（eutectoid reaction）という．図 6.4 の Fe–C 系状態図において
ては，S 点が**共析点**（eutectoid point）で，727℃の共析等温線にかかるど
の組成でも，γ 固溶体から α 固溶体と Fe_3C が同時に析出する．

また，鋳鉄では，液相 L を冷却するとき，1 147℃で共晶反応が起こる．
特に 4.3％C の共晶点（C 点）では融点が低く，鋼と比較して鋳鉄は，鋳造に
適していることがわかる．

6.3.2 炭素鋼の組織

図 **6.5** は，炭素鋼を取り扱ううえで必要な共析点付近を拡大した Fe–C 系
状態図である．炭素鋼は，組織に由来する分類があり，共析点 0.765％C の
炭素鋼を**共析鋼**（eutectoid steel），それより炭素量の少ない炭素鋼を**亜共
析鋼**（hypo-eutectoid steel），多い炭素鋼を**過共析鋼**（hyper-eutectoid
steel）という．図 **6.6** に亜共析鋼の標準組織の例（Fe-0.45％C）を示す．な
お，標準組織とは，高温からゆっくりと冷やして平衡状態にある室温での組
織のことである．この組織において，白く見えるのは初析フェライトで，黒

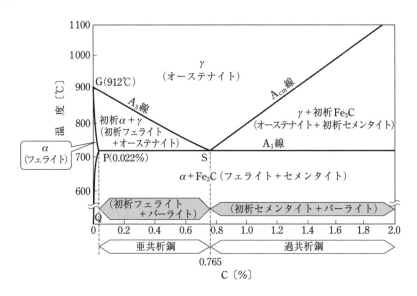

図 6.5 Fe–C 系状態図（共析点付近）

0.01 mm

図 6.6　炭素鋼の組織例（0.45%C）

く見えるのはパーライトと呼ばれる組織である．

　このように炭素鋼の組織には特有の名称があり，平衡状態では次の組織がある．

フェライト（ferrite）： α固溶体

　フェライトは，bcc の α 鉄に C を固溶した組織で Fe–C 系の α 固溶体である．フェライトには C がごくわずかしか固溶せず，室温での固溶限はわずか 0.00004%でしかない．温度上昇に伴って固溶限は拡大するが，最大固溶限は 727℃でわずか 0.022%（状態図の P 点）である．軟らかいため摩耗には弱いが，展延性に富んでおり，常温から 780℃までは強磁性体である．

オーステナイト（austenite）： γ固溶体

　オーステナイトは，fcc の γ 鉄に C を固溶した組織で Fe–C 系の γ 固溶体である．Fe–C 系状態図によると 727℃以上の高温では存在するが常温では存在しない組織である．オーステナイトには C が α 固溶体よりも多く固溶可能で，最大固溶限は 1 147℃で 2.14%（状態図の E 点）である．

セメンタイト（cementite）： Fe_3C

　セメンタイトは Fe と C が原子比 3：1 で結合した**金属間化合物**で，硬く

注）なお，α，β，γ などの固溶体の記号は，ほかの状態図でも使われる．しかし，同じ記号でも異なる物質であるので，これら鉄鋼に特有な組織名のフェライト，オーステナイトと呼ぶことはない．

て脆い．炭素鋼などでは，α 固溶体の固溶限以上の C は本来の安定相である黒鉛（graphite）の形でなく，セメンタイトとして存在することが多い．セメンタイトは鉄と炭素の質量比に換算すると 6.67%C である．セメンタイト組織の形状は，層状，球状，網状，針状とさまざまである．

パーライト（perlite）

　パーライトは，図 6.7 (a) に示すように黒っぽい組織であるが，さらに高倍率で観察すると，図 6.7 (b) のようにフェライトとセメンタイトが層状になっている組織である．これは状態図の A_1 線で，共析反応により，オーステナイトから微細なフェライトとセメンタイトが同時に層状に析出して $\alpha +$ Fe$_3$C 共析組織が現れたものである．ゆえに，この A_1 変態はパーライト変態ともいう．共析鋼の標準組織は 100%パーライト組織となるが，亜共析鋼では初析フェライト，過共析鋼では初析セメンタイトも存在する．前図 6.6 の亜共析鋼では，やや低倍率なのでパーライトが黒っぽく観察される．Fe–C 系状態図にはパーライトの記載はないが，A_1 線以下の「$\alpha +$ Fe$_3$C」に初析 α や初析 Fe$_3$C とともに包括されている．パーライトの機械的性質は構成する 2 相の中間的なもので，粘り強い性質をもっている．

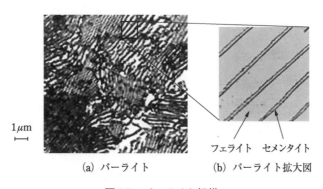

1μm

フェライト　セメンタイト

(a) パーライト　　　　　(b) パーライト拡大図

図 6.7　パーライト組織

6.3.3. 炭素鋼の徐冷時における組織変化

　炭素鋼のなかで亜共析鋼の使用量が圧倒的に多い．そこで，亜共析鋼に着

目し，オーステナイト領域から徐冷したときの組織変化を図 6.8 に示す．同図 (a) は Fe-C 系状態図で，同図 (b) は対応する冷却曲線と組織変化を示す．同図 (a) から，A₃ 変態点は純鉄において 912℃であるが，炭素量の増加により A₃ 線に従って低下することがわかる．A₃ 線は冷却時にオーステナイトから初析フェライトを析出し始める温度を示す．

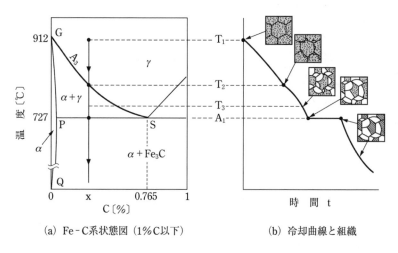

図 6.8　亜共析鋼の徐冷における組織変化

　いま，同図 (a) において，x%C の組成の亜共析鋼を，オーステナイトとなる温度 T₁ に加熱し，徐冷 (炉冷) することを考える．亜共析鋼は同図 (b) のように A₃ 線すなわち温度 T₂ でオーステナイト組織から初析フェライトが析出し始め，温度低下とともにその量が増加し，例えば温度 T₃ では白い初析フェライト組織が増加する．さらに温度が低下し，A₁ 線に達したとき，初析フェライトの量は最大となり，残りはオーステナイトである．その後 A₁ 変態温度一定で，共析反応によりオーステナイトはパーライトへの変態が進行する．オーステナイトがすべてパーライトに変態を完了すると，再び温度が低下して組織変化もなく室温に至り，亜共析鋼の標準組織は初析フェライト＋パーライトとなる．

　共析鋼の場合は，亜共析鋼に見られた A₃ 変態がなく，オーステナイトの

まま A₁ 温度まで冷却される．しばらく A₁ 温度一定のまま，すべてパーライトへ変態する．その後，室温に至るまで変態がなく，<u>共析鋼の標準組織はパーライトのみ</u>である．

過共析鋼の場合は，図 6.5 の Fe–C 系状態図に示される A$_{cm}$ 線でオーステナイトから初析セメンタイトが析出するという点が亜共析鋼と異なるだけで，亜共析鋼の冷却過程と似たような冷却過程を示す．したがって，<u>過共析鋼の標準組織は初析セメンタイト＋パーライト</u>となる．ただし，初析組織の形状は亜共析鋼の初析フェライトとはやや異なり，初析セメンタイトはオーステナイトの粒界に網目状に析出し，温度が下がるにつれてその網目状組織がしだいに太くなる．

6.3.4. 炭素鋼における炭素量と組織の関係

図 6.9 に炭素量の異なる炭素鋼の標準組織を示す．この写真でわかるように，炭素量が少ない場合は白く見えるフェライトが多く，炭素量が増加するに従い黒く見えるパーライトが増加して相対的にフェライトが減少する．

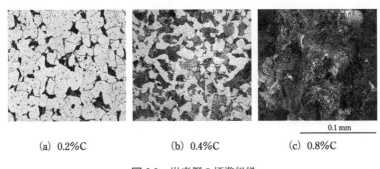

(a) 0.2%C   (b) 0.4%C   (c) 0.8%C

図 6.9 炭素鋼の標準組織

このような炭素鋼の炭素量と標準組織の関係は，**図 6.10** に示すように横軸に炭素量をとり，縦軸に組織の割合をとったグラフで整理できる．炭素量 0%（すなわち純鉄）ではフェライトのみで，共析組成の 0.765%C ではパーライトのみとなる．亜共析鋼においては，原点と 0.765%C で縦軸 100% で

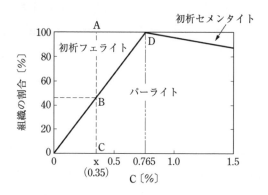

図 6.10　炭素鋼の炭素量による組織割合変化

ある点 D との間に直線を引いて，この斜線の上側が初析フェライト，下側が初析パーライトの割合を表す．このグラフを用いて，炭素量 x％の鋼の組織を推定するには，炭素量 x％の位置に垂線を立て，斜線との交点より下の $\overline{BC}$ がパーライトの，上の $\overline{AB}$ が初析フェライトの割合（％）として読み取る．

　過共析鋼においては，0.765％C で縦軸 100％の点 D と 100％初析セメンタイトであるとき（縦軸 0％）の組成（6.67％C）の点を結ぶような斜線を引いて，亜共析鋼と同様にして初析セメンタイトとパーライトの割合を推定することができる．

　このような炭素量と組織の関係があるので，炭素量が不明な炭素鋼については，標準組織の鋼の顕微鏡組織観察をすることで，この図から炭素量を推定することができる．

第 **7** 章

炭素鋼の熱処理

▌ *7.1.* 炭素鋼の冷却速度と変態温度

　金属材料は**熱処理**（heat treatment）によって性質を調整することができ，さまざまな用途に対応した特性を得ることができる優れた材料である．なかでも炭素鋼は熱処理による性質の変化が大きく，熱処理技術の蓄積も豊富である．

　炭素鋼（亜共析鋼）の熱処理工程の概念図を**図 7.1** に示す．鋼を炉内に入れてオーステナイト組織になる温度に加熱し，そこから冷却するときの速度の違いによって，組織と性質が変わる．図に示すとおり，冷却速度の速い順

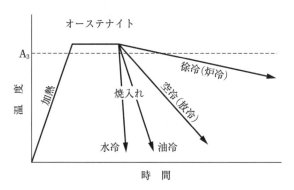

図 7.1 炭素鋼（亜共析鋼）の熱処理工程の概念図

に，水冷，油冷，空冷である．また，それぞれの冷却速度を速めるために冷媒を攪拌することが有効である．空冷は通常空気中に放置することで自然空冷または放冷ともいい，送風機で加速冷却することを強制空冷という．徐冷（炉冷）は保温性の高い炉の中で熱供給を止めて放置するだけのため，冷却速度が非常に遅い．

　図 7.2 は共析鋼の例で，オーステナイト組織にするため A$_1$ 変態（パーライト変態）温度の 727℃以上に加熱して，冷却したときの長さ変化の様子を，異なる冷却速度の場合を並べて示している．通常パーライト変態によって急激な長さ変化がある．徐冷であれば，パーライト変態温度は加熱（Ac$_1$）と冷却時（Ar$_1$）にほとんど差がない．ところが，空冷の場合，冷却速度がやや速いため変態が追いつかず，本来のパーライト変態温度より低い温度で長さ変化，すなわち変態が起きる．なぜなら，パーライト変態，すなわちオーステナイト⇔フェライト＋セメンタイトの変態が起きるためには Fe 原子や C 原子が移動して並び変わるための時間が必要なためである．冷却速度が速い場合に変態が追いつかずに変態温度が状態図に示される温度より低温にず

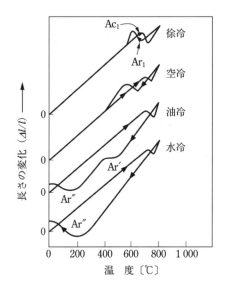

図 7.2　共析鋼の温度と長さ変化の関係に及ぼす冷却速度の影響

れてしまう現象を**過冷却**（supercooling）と呼ぶ．油冷の場合，空冷よりさらに冷却速度が速いため，パーライト変態が一段と低い温度（Ar'）になるばかりか，変態が終わらないうちにさらに温度が下がるため，パーライト変態は途中で止まってしまう．このため変態せずに過冷却されたオーステナイトは，Ar'' において，パーライトではなく**マルテンサイト**（martensite）組織に変化し始める．これをマルテンサイト変態という．マルテンサイトは，パーライト変態をする時間的余裕がないほど速い冷却速度のときに得られる組織で，**図 7.3** (a) のように，笹の葉状や針状をしており，非常に硬い．マルテンサイトの構造は，図 7.3 (b) のようであり，フェライトの体心立方格子に近い体心正方晶で，過飽和に炭素を固溶したフェライトのような状態である．なお，マルテンサイトは平衡状態の組織ではないので Fe–C 系状態図には記載されない．

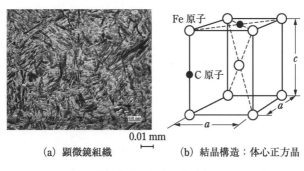

（a）顕微鏡組織　0.01 mm　（b）結晶構造：体心正方晶

図 7.3　マルテンサイト

水冷の場合は，冷却速度が非常に速いため，もはやパーライト変態がなくマルテンサイト変態のみとなる．すなわち，焼きが入って硬くなる．

7.2. 炭素鋼の連続冷却変態曲線（CCT 曲線）

炭素鋼をオーステナイト状態から冷却する場合に，冷却速度が変化すると，パーライト変態の温度が変化し，マルテンサイト変態が起こるなどして，常

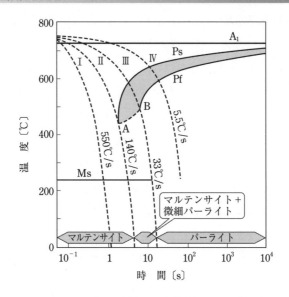

図 7.4　共析鋼の連続冷却変態曲線（CCT 曲線）

温での組織が異なる．したがって，冷却のしかたで機械的性質も変化する．

図 7.4 に，共析鋼をオーステナイト温度からいろいろな冷却速度で冷却した
ときの変態開始あるいは終了の温度を示した**連続冷却変態曲線**（Continu-
ous Cooling Transformation diagram，略称 **CCT 曲線**）を示す．いま，
右下がりの曲線を描く CCT 曲線で，冷却速度の遅い場合（5.5℃/s 付近）か
ら見てみる．パーライト変態の開始温度は Ps 線で表され，同様に，変態終
了温度は Pf 線で表されている．Ps 線と Pf 線は A₁ 線を漸近線としている．
これは，きわめてゆっくりと冷却すれば平衡状態図と同じ温度で変態するこ
とを意味する．逆に，冷却速度が速いほど過冷却し，Ps 線，Pf 線は低温に
なる．そして，それらの線は，A，B 点より速い温度では存在しない．すな
わち，B 点を通る冷却速度より遅い場合にはすべてパーライト変態するが，
A–B 間を通る冷却速度では，パーライト変態は完了せずオーステナイトが
残る．また，A 点を通る冷却速度より速い場合はパーライト変態が起こら
ない．このように冷却速度が速いために，パーライト変態しないで過冷却さ
れたオーステナイトは，約 240℃の Ms 線（図 7.2 の Ar″ に相当）でマルテ

ンサイト変態を開始する．マルテンサイト変態は，無拡散変態であるため，Ms 線は一定であり，冷却速度によって変化しない．なお，パーライトは冷却速度が速いほど微細になり，A-B 間を通る冷却速度で得られるものは微細パーライトと呼ばれる．

7.3. 炭素鋼の焼入れ

　炭素鋼の**焼入れ**（quenching）とは，オーステナイト状態から急冷することでマルテンサイト組織を得て，硬さを増す熱処理である．まず焼入温度（加熱温度）は，亜共析鋼では A_3 変態温度以上で均一なオーステナイト組織に，過共析鋼では A_1 変態温度以上でオーステナイトとセメンタイト組織にする．焼入温度は，**図 7.5** で示した範囲，すなわち $A_3 \sim A_1$ 温度から 50℃ 程度高い温度が適切である．焼入温度が高いとオーステナイトの結晶粒が粗大化し，焼入れ後の機械的性質に悪影響を及ぼすので注意が必要である．このようにオーステナイト状態から水または油で急冷するとマルテンサイト組織が生成して硬くなる．炭素量と焼入れ後の最高硬さの関係は，**図 7.6** に示すように，約 0.6%C までは炭素量の増加とともに硬くなる傾向にある．な

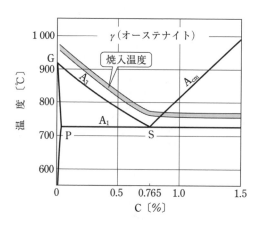

図 7.5　炭素鋼の焼入温度

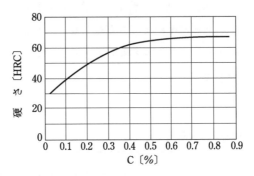

図 7.6　焼入れした炭素鋼の炭素量と焼入れ後の最高硬さの関係

お，CCT 曲線の A–B 間を通る冷却速度をマルテンサイト変態の臨界冷却速度（critical cooling rate）といい，マルテンサイト変態が起こりえる最小の冷却速度（図 7.4 の B 点を通る速度）を下部臨界冷却速度（lower critical cooling rate）といい，マルテンサイトだけになる最小の冷却速度（図 7.4 の A 点を通る速度）を上部臨界冷却速度（upper critical cooling rate）という．

　共析鋼の Ms 点は 240℃付近で，温度低下とともにマルテンサイトの量が増し，著しく硬くなる．ただし炭素量が増加すると，この Ms 点は図 7.7 のように低温になる傾向がある．特に，約 0.6%C 以上の炭素鋼の場合はマルテンサイト変態が終了する Mf 点が零度以下となるため，焼入れ（常温まで

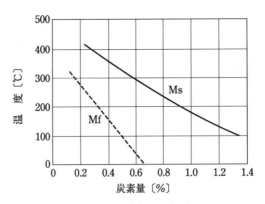

図 7.7　炭素鋼のマルテンサイト変態温度と炭素量の関係

の急冷）のままでは未変態のオーステナイトが残る．これを，**残留オーステ**
ナイト（retained austenite）といい，炭素量増加とともに増加する．焼入
れされた高炭素鋼などでは，この残留オーステナイトが多量に含まれる組織
状態となり，硬さが低いばかりか経年変化により寸法の狂いが生じ割れが入
るおそれがあるなどデメリットが多い．そこで，焼入れ後に 0℃以下の温度
に冷却し，マルテンサイト変態をさらに進行させて残留オーステナイトを減
らす**サブゼロ処理**（sub-zero treating）あるいは深冷処理と呼ばれる処理が
有効である．例えば，ドライアイス＋アルコールなどを用いて－ 80℃程度
の低温まで冷却する．

7.4. 炭素鋼の焼戻し

　炭素鋼を焼入れしてできるマルテンサイトは炭素が過飽和に固溶したフェ
ライトに類似した相で，硬いが脆く不安定な組織である．そこで，**焼戻し**
（tempering）を行って硬さを低下させて靱性を得て特性のバランスをとる
のが一般的である．焼戻しは**図 7.8** のように，焼入れ後あらためて A_1 変態
点以下の温度に加熱し，急冷または適度な速度で冷却する熱処理である．例
えば，約 400℃で焼戻しすると，フェライトとセメンタイトの微細な混合組
織である，**トルースタイト**（troostite）が得られる．これは，マルテンサイ
トに次ぐ硬さである．これより高い温度（約 600℃）で焼戻しをすると**ソル**

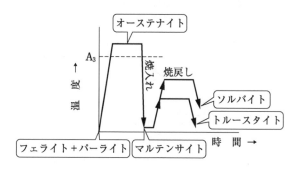

図 7.8　亜共析鋼の焼入れ・焼戻し工程と組織変化

バイト（sorbite）組織が得られる．これもフェライトとセメンタイトの混合
組織であるが，セメンタイトが粒状にやや粗大化しており，トルースタイト
よりも軟らかめである．そのため，靱性が要求される機械部品に多用される．
焼戻し温度と機械的性質の関係を**図 7.9** に示す．実際の焼戻しは，高温焼戻
しと低温焼戻しに大別できる．通常，焼入れた炭素鋼を 400〜600℃の高温
焼戻しによって強さと靱性のバランスをとる．硬さは低下するものの，延性
が向上し，弾性限度も増加する．このように焼入硬化後，比較的高い温度
（約 400℃以上）に焼戻して，トルースタイトまたはソルバイト組織を得るこ
とで，強さと靱性のバランスをとる処理を鋼の**調質**（thermal refining）と
いう．一方，硬さを比較的高く保持するための低温焼戻しは 150〜200℃に
加熱し，耐摩耗性を必要とする工具などに用いる．ただし，**図 7.10** に示す
ように焼戻し温度が 250〜400℃付近では脆性的になる場合があり，特に低

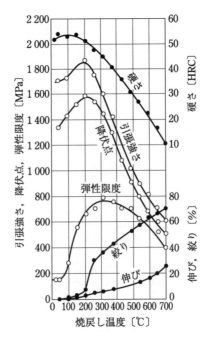

図 7.9　炭素鋼の焼戻し温度による機械的性質の変化（0.4%C）

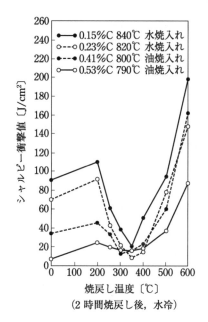

図 7.10　炭素鋼の焼戻し温度によるシャルピー衝撃値の変化

炭素鋼で顕著であるので注意が必要である．これを**焼戻し脆性**または焼戻し脆化（temper embrittlement）という．250〜300℃付近に短時間加熱すると，青い酸化皮膜が表面に形成されることから，青熱脆性と呼ばれる．

7.5. 炭素鋼の等温変態

炭素鋼をオーステナイト状態からある温度まで急冷し，その温度で一定に保持したときに変態する場合を**等温変態**（isothermal transformation）または**恒温変態**という．その変態の開始と終了を，温度と時間（対数）のグラフに図示したものを**等温変態図**（isothermal transformation diagram）または **TTT 図**（Time Temperature Transformation diagram）という．また，曲線の形状から S 曲線ということもある．

図 7.11 に共析鋼の等温変態図を示す．S 曲線の，550℃付近にある最も変

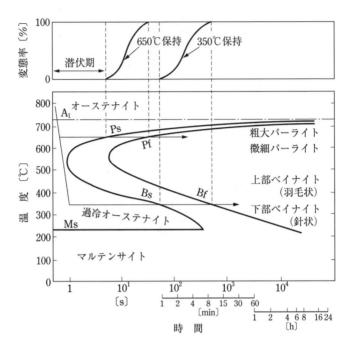

図7.11 共析鋼の等温変態図（TTT 図）

態の速いところをノーズ（nose）といい，300℃付近の比較的オーステナイトが安定で変態の遅い部分をベイ（bay）という．ノーズ以上の温度の等温変態では，パーライト変態が起こるが，パーライト組織のフェライトとセメンタイトの層間距離は，保持温度が低いほど短くなり，微細パーライトになる．微細パーライトは硬くて強い．

　ノーズ以下の温度の等温変態で得られる，フェライトとセメンタイトの混合組織を**ベイナイト**（bainite）という．この温度域の等温保持では Fe 原子は拡散できないが，C 原子は拡散できるため，フェライトと微細なセメンタイトが混合した組織となる．ベイナイトは保持温度が低いほど組織が細かくなり，強さ，硬さは上昇する．

　この TTT 図の上には，例として 650℃と 350℃で等温変態したときの変態率を示している．ここで，共析鋼を焼入温度から急冷して 650℃に保持す

ると，約 5 s 後からパーライト変態が始まり，約 30 s 後には変態が完了する．また，ノーズにかからない冷却速度で 350℃へ急冷・保持した場合には，過冷オーステナイトが約 60 s 後にベイナイトすなわちフェライトとセメンタイトに変態し始め，約 500 s 後にこの変態は完全に終了する．等温保持温度が高い（450〜500℃）と羽毛状である上部ベイナイトが形成され，約 400℃以下へ急冷・保持した場合は，針状の下部ベイナイトが形成される．このように等温変態によってベイナイト組織を得る熱処理を**オーステンパ**（austemper）といい，操作図を**図 7.12** に示す．オーステンパの長所は，焼戻しが不要で，焼割れや変形が少なく，同じ硬さに焼入れ焼戻しした同材料に比べて靱性が大きいことである．

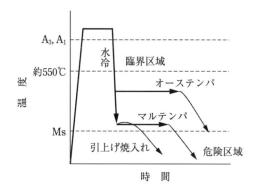

図 7.12　等温変態を利用した熱処理

　焼入れの際は，S 曲線のノーズにかからないように約 550℃までの温度区間を急冷することが大切である．この区間は焼きが入るかどうかに影響するため臨界区域といい，一方，約 300℃以下の温度区間を急冷すると焼割れが起きやすいため危険区域と呼ばれる．例えば，室温まで水冷するような連続冷却の焼入れでは，体積変化の大きいマルテンサイト変態の起こる Ms 以下の温度領域においても早く冷え，品物の内部と外部の温度差もあるため，焼ひずみや焼割れの危険があるので，注意を要する．そこで，割れ防止対策として Ms 点直上の温度の約 250℃までは急冷し，この温度でベイナイトの生

成を避けるために短時間保持してから空冷で焼入れすることも有効である．この熱処理を**マルクエンチ**（marquenching）または**マルテンパ**（martempering）という．

　同様に，等温熱処理ではないが，焼割れを防止する目的の焼入れ法として，引上げ焼入れ（または時間焼入れ）と呼ばれる二段焼入れがある．焼入液の中に投入後，ある時間経過したところで引き上げて，危険区域をゆっくり冷やすことで焼割れを防止でき，手軽で有用な方法である．

7.6.　炭素鋼の焼なまし

　炭素鋼の**焼なまし**（annealing）は，目的に応じて適当な温度に加熱・保持後，通常は徐冷（炉冷）して室温状態で平衡に近い状態にすることで軟化させる熱処理である．その目的はさまざまであるが，一般的には，加工性の向上などが主目的であり，組織の調整や内部応力の低減などによって実現する．

　完全焼なましは，塑性加工や機械加工などによって生じた内部応力や組織変化などを完全に解消するために，**図 7.13** のように亜共析鋼では A_3 変態点

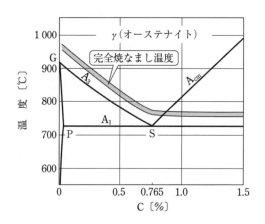

図 7.13　炭素鋼の完全焼なまし温度

以上（約＋50℃），共析鋼および過共析鋼では A_1 変態点以上（約＋50℃）の一定温度に加熱・保持したのち徐冷（炉冷）する．ただし，実操業的には時間的制約等のため 550℃以下では空冷することも行われている．

応力除去焼なまし（stress relief annealing）は，**図 7.14** に示すように，鋼を A_1 変態点以下かつ再結晶温度（約 450℃）以上の適切な温度（通常は 550〜650℃）に加熱保持して，圧延，鍛造，鋳造，機械加工，溶接などで生じた残留応力を除去する．これは，**低温焼なまし**とも呼ばれる．特に，鋼板の圧延などの工程において，加工硬化により内部応力が増加し割れなどを伴う危険があるので，引き続いて加工を行う目的で工程の途中で行うとき，**中間焼なまし**（process annealing）という．

等温焼なまし（isothermal annealing）は，オーステナイト化後，約 550〜600℃（S 曲線のノーズより少し高い温度）に冷却・保持し，オーステナイトからフェライト＋パーライトまたはセメンタイト＋パーライトへの等温変態が終了したのち，空冷する．これは，比較的短時間で処理でき，微細パーライトが得られるためよく行われている焼なまし法である．

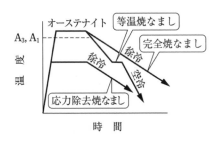

図 7.14 炭素鋼の焼なまし工程

工具鋼などの過共析鋼では，初析セメンタイトがオーステナイト結晶粒界に網状に存在すると，機械的性質に悪影響を及ぼす．その対策としてセメンタイトを球状化させる**球状化焼なまし**（spheroidizing annealing）が有効で，軟質なフェライト基地中に球状化させた硬質なセメンタイトが存在する組織により，優れた強靱性を得ることができる．一般に A_1 変態点の近辺で長く

保持し徐冷するが，A₁変態点の直上と直下への加熱冷却を繰返し行う方法など，短時間で所定の目的を達成するために種々の工夫がなされている．

7.7. 炭素鋼の焼ならし

　炭素鋼の**焼ならし**（normalizing）は，**図7.15**に示すように，亜共析鋼ではA₃変態点以上，過共析鋼ではA$_{cm}$線以上の一定温度（約＋50℃）に加熱して，オーステナイト化したのち，空冷する熱処理である．焼なましよりは硬く，焼入れよりは軟らかく，他の熱処理と比較して標準的（normal）な特性を得る．例えば，共析鋼を焼ならしすると，細かい層状組織すなわち微細パーライトが得られる．

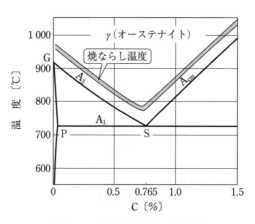

図7.15　炭素鋼の焼ならし温度

　焼ならしは，粗大で不均一な状態の鋼の結晶粒組織を微細かつ均一化するために行う．鋳鋼の鋳造組織での材料の偏析（成分の不均一な部分）を軽減し，圧延や鍛造などの加工中に導入された内部ひずみを取り除くことなどである．また，低炭素鋼の被削性を向上させる目的では，焼なましにより軟化しすぎるよりは，焼ならしを施して適度な硬さがあるほうが良い．一方，焼ならしは空冷で適度な冷却速度であるために硬化も期待できることから焼入

れの代替処理として利用されることもある.

図 7.16 は,炭素鋼の焼ならしの操作を示す.オーステナイト化温度から常温まで,連続的に大気中で放冷する操作を普通焼ならしという.応用としては,複雑形状の部品などは 550℃程度まで空冷し,その後炉冷して割れを防ぐ二段焼ならしが有効である.また,TTT 図のノーズ付近の温度まで強制空冷し,等温保持して等温変態が終了した後,空冷する等温焼ならしもある.

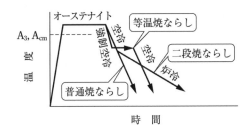

図 7.16　炭素鋼の焼ならし工程

第 **8** 章

鉄鋼材料の製造

8.1. 製鉄・製鋼の概要

鉄鋼材料は，工業用材料として大量に使われ，その生産高は，他の全金属の生産量に比べてきわめて大きい．これは，資源が豊富で製錬が比較的容易なために安価であることに加えて，バランスのとれた強さ・硬さ・延性などの機械的性質をもち，その性質や形状を広い範囲で調節することができるためである．

製鉄・製鋼の工程は図 8.1 に示すように，①製銑（製鉄；ironmaking）

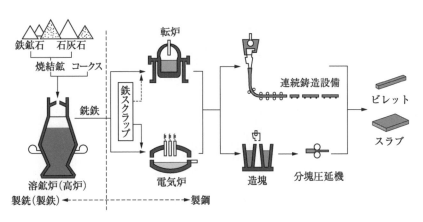

図 8.1　製鉄・製鋼の流れ

＝鉄鉱石などから炭素分の多い**銑鉄**（pig iron）を作る工程，②**製鋼**（steelmaking）＝銑鉄と鉄スクラップを原料に炭素や不純物を取り除いて鋼を作る工程，に大別される．その後，鋳造・圧延工程を経て，鉄鋼材料ができあがる．

8.2.　製銑（製鉄）

まず，原料の鉄鉱石はほとんどが粉状にされ，石灰石を混ぜて焼結し，数 cm の大きさの焼結鉱を作る．**図 8.2** のような**溶鉱炉**（**高炉**；blast furnace）の中に，焼結鉱・コークスなどを積層するように入れ，約 1 200℃の熱風を炉の下方の羽口から吹き込む．溶鉱炉の中ではコークスが高温になり，発生した CO ガスなどが炉の中を上昇して，溶けた鉄鉱石を還元する．1 500℃以上に達した炉内で溶けた鉄鉱石の鉄分はさらにコークスの炭素と接触して還元され，銑鉄となる．

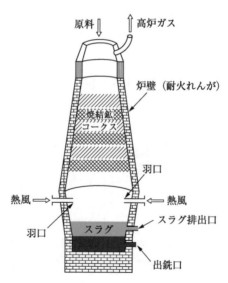

図 8.2　溶鉱炉（高炉）

銑鉄は，Fe–C 系状態図の共晶点に近い組成で，約 4％C で高炭素である．

そのため脆く，鍛造や圧延加工はできないが，融点が低く流動性はよいので，鋳物用として適している．銑鉄は製鋼用の生産量が圧倒的であるが，鋳物用もある．銑鉄はCのほかに，Si，Mn，S，Pなどの鋼の基本5元素を含んでいる．

8.3. 製 鋼

　製鋼の目的は，銑鉄からC量ならびに不純物（主にP，S）さらにガス成分（H，O，N）を低減して鋼を作ることである．溶鉱炉から取り出した銑鉄や鉄スクラップを製鋼炉に入れて溶解し，酸化剤や溶剤を使用してCを1.7％以下まで減らす．なお，PやSは鋼を脆くする有害元素なのでできるだけ除去し，圧延可能な粘りのある鋼を作る．

　大量生産に適した製鋼炉として，通常，**図 8.3** のような**転炉**（converter）が用いられる．

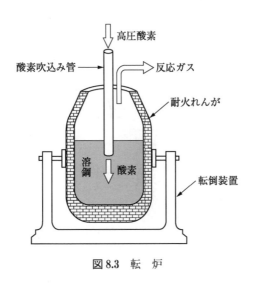

図 8.3　転 炉

　溶鉱炉から運ばれた溶けた銑鉄（溶銑）を鉄スクラップとともに転炉に入れ，上方から管を通して炉内に酸素を吹き込むなどのプロセスを経て，炭素

その他の不純物を酸化させて精錬する．精錬の最終段階では溶鋼中の酸素や窒素などのガスを除く脱酸が行われる．

電気炉（electric furnace）は，特殊な鋼の溶解や，鉄スクラップを多用して鋼を製造するのに好都合である．リサイクルへの取り組みから，鉄スクラップから鉄を再生する工程が確立している．

精錬された鋼は，二次精錬によってさらに純度を高められて，鋼製品として性質と形状を調えるための工程に送られる．

8.4. 連続鋳造・圧延

精錬を終わった鋼は，図 **8.4** に示すような**連続鋳造法**（continuous casting）によって，各種の形状にするための厚板に固められ，これが適当な長さに切り出されて**鋼片**（slab）になる．この工程では，溶鋼を銅製水冷鋳型に注入し，凝固した部分を下方に引き出しながら連続して鋳造するため生産性が良い．

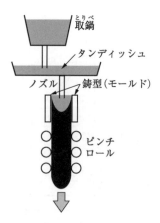

図 **8.4** 連続鋳造法

かつては多数の鋳型に溶鋼を分注して**鋼塊**（インゴット；ingot）を作り，これを再加熱して圧延する，造塊－分塊圧延法が主流であった．その鋼塊は，

脱酸の程度によって性質や歩留まりなどが異なるため次のような分類がある．脱酸には，Si，Mn，Al などの元素を利用するが，脱酸力の弱い Mn のみを使用して作られた**リムド**（rimmed）**鋼**，Mn と脱酸力の強い Al を使用して作られた**セミキルド**（semi-killed）**鋼**，脱酸力の強い Si，Al を使用した**キルド**（killed）**鋼**などに分類される．キルド鋼の名称は，よく脱酸されているため鋳型に流し込んだときガスの放出がなく静かに凝固することに由来する．造塊－分塊圧延法の時代には，歩留まりや要求される品質によってこれらの種類の鋼塊が使い分けられていた．しかし，現在の連続鋳造法においては高歩留まりであり，ほとんどが高品質のキルド鋼相当であり，造塊が適用されている極厚鋼板あるいは大単重鋼板でさえもキルド鋼である．

　鋼片は長さ方向に一定の断面形状をもつ半製品で，形状によって**図 8.5** のように厚板鋼片の**スラブ**（slab），断面が角形または円形で一辺または直径が約 200 mm を超える**ブルーム**（bloom），それ以下の**ビレット**（billet）などがある．これらは，最終製造工程を経て，形鋼・鋼板・帯鋼・棒鋼・線材・鋼管などの鋼材製品となる．板状の圧延鋼材を鋼板といい，わが国では，通常，板厚 6 mm 以上の鋼板を厚板と称している．

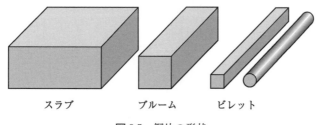

スラブ　　　　ブルーム　　　ビレット

図 8.5　鋼片の形状

　なお，生産統計においては，鋳塊（鋼片含む）や鋳鋼は，**粗鋼**（crude steel）ともいわれる．さらなる加工を経て自動車や電気製品などの製品や建築材料に多く使われることから，粗鋼生産量は景気の動向を示す指標としても使われる．

第 **9** 章

構造用鋼

9. 1. 鋼の分類

炭素鋼は，**図 9.1** に示すように，炭素量の増加に伴い引張強さ・降伏点・硬さが増加するが，同時に伸び・絞りが減少して展延性が低下する．この傾向を把握して，用途に応じて適切な炭素量の鋼を選択する．炭素鋼は，おおむね <u>0.6%C 以下では主として構造用で，それ以上は主に工具や刃物用</u>である．

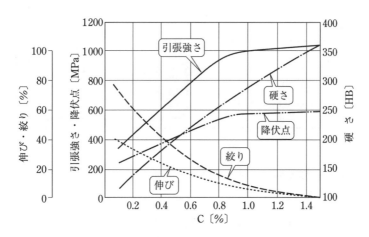

図 9.1 炭素量と機械的性質の関係（圧延のまま）

炭素鋼は，炭素量によって 0.05〜0.3%C を**低炭素鋼**（low carbon steel），0.3〜0.5%C を**中炭素鋼**（medium carbon steel），0.5%C 以上を**高炭素鋼**（high carbon steel）と分類する．ただし，組織や状態図に由来する分類（共析鋼など）とは異なり，この定義は厳密ではない．

鋼材の分類例を**図 9.2** に示す．低炭素鋼の圧延鋼材で，通常，焼入れ焼戻しをしないで使う**普通鋼**の生産量が非常に多い．JIS 規格の一般構造用圧延鋼材（SS），溶接構造用圧延鋼材（SM）などである．一般に普通鋼は条鋼，厚板，薄板，鋼管，線材および棒のようにさまざまな形状の製品がある．なお，鉄鋼材料を状態図に基づいて学ぶ場合の炭素鋼とは，意図的に特殊な元素を含まない鋼のことであり，図において「広義の炭素鋼」と表記した点線で囲まれた範囲の，機械構造用炭素鋼や炭素工具鋼を含める．

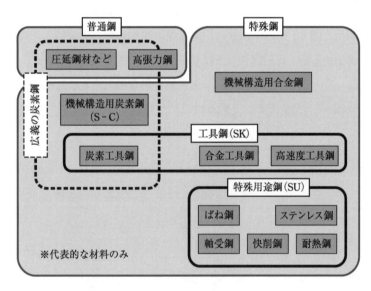

図 9.2 鋼材の分類例

一方，鋼の性質を向上させるために効果的な合金元素を意図的に添加した鋼を**合金鋼**（alloy steel）という．一般に，単に合金鋼といえば，機械構造用合金鋼のことをさす．図 5.3 のように，鉄への合金元素の種類やその添加量によって種々の特性が変化するため，用途別に種々の合金鋼がある．便宜

上，合金元素の合計量が約5%以下なら**低合金鋼**（low alloy steel），約10
%以上ならば**高合金鋼**（high alloy steel）であるが，数値はややあいまいで
ある．

　普通鋼に対して，**特殊鋼**（specialty steel）という分類がある．これは，
構造用合金鋼，特殊用途鋼，工具鋼の三つに分類される．また，焼入れ焼戻
し等の調質を施す機械構造用炭素鋼を含む．

　工作機械，産業機械，建設機械，自動車から，建築，橋梁，船舶，圧力容
器など，構造部材に使われる鋼の総称を，**構造用鋼**（structural steel）とい
い，圧延鋼材，高張力鋼，機械構造用炭素鋼，機械構造用合金鋼などが含ま
れる．構造用鋼は，一般に圧延等で作った鋼板，鋼帯，平鋼，形鋼，棒鋼な
どの断面が長さ方向で変化しない形状の製品が多い．

9.2. 一般構造用圧延鋼材（SS）

　一般構造用圧延鋼材（rolled steels for general structure）は，容易に入
手可能で安価な割にはバランスのとれた特性を有しており，形状の種類（鋼
板，棒鋼，形鋼，平鋼など）が豊富なため，機械などの構造用材料として使
用量が最も多い鋼種である．JIS に SS300，400，490，540 の4種類が規定
されている．材料記号は**図 9.3** に示すような意味で，数字は引張強さを表す．
例えば SS400 は引張強さ 400 MPa 保証である．また，降伏点（耐力）も規
定されている．一方，炭素量は規定されていない（SS540 のみ規定あり：0.3
C 以下）が，靭性に優れる低炭素鋼であり，加工と熱処理によりすでに所望
の組織と特性を得ており，**熱処理しないで使う**．用途としては大型の構造物
が多く，機械部品としては比較的強度を必要としない場合で，フランジ，ピ
ン，ボルト，ナット，レバー，などで広く用いられている．

　SS400 は特に板厚が厚くない限り，溶接性に大きな問題はないが，SS490
や SS540 は炭素量を少し多めにしているため溶接しないほうがよい．SS 材
は溶接性の保証がないため，溶接構造物の主要強度部材として用いる場合は，

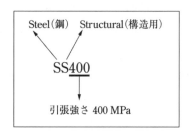

図 9.3　一般構造用圧延鋼材（SS）の材料記号

溶接構造用圧延鋼材（SM 材）が使用される.

9.3.　溶接構造用圧延鋼材（SM）

　溶接構造用圧延鋼材（rolled steels for welded structure）は低炭素鋼を
ベースにした溶接性に優れた鋼で，形状の種類（鋼板，棒鋼，形鋼，平鋼な
ど）が豊富であり，機械・建設などの構造用材料としては SS 材の次に多く
用いられている鋼種である．JIS 材料記号 SM の M は Marine に由来し，
もともと代表的な溶接構造物である船舶に用いる鋼材の溶接性を高める目的
で開発された．続く数値は SS と同様に引張強さを表す．**表 9.1** に示すよう
に，JIS では組成を規定しており，高強度のものは Si，Mn の量が多くなっ
ている．また，B，C 種などは，0℃または−5℃におけるシャルピー衝撃値
により低温の靱性を保証している.

　SM 材として最も高強度な SM570 では，JIS で炭素当量（後述）は 0.47%
以下と規定されている．炭素当量が高い鋼材は熱影響部に割れが生じやすい
ため，予熱と後熱ならびに適切な溶接棒の選択などを検討する必要がある.
予熱は，溶接前に母材を加熱することにより，溶接部の冷却速度を遅くして
熱影響部の硬化や割れの発生を防ぎ，後熱は溶接後熱処理と溶接直後に溶接
部を加熱するものがあり，前者は，残留応力の緩和，後者は水素の放出を促
進して割れを防ぐことを目的とする.

表 9.1 溶接構造用圧延鋼材（SM）の組成

〔%〕

種類の記号	厚さ	C	Si	Mn
SM400A	50 mm 以下	0.23 以下	—	2.5×C 以上
	50 mm を超え 200 mm 以下	0.25 以下		
SM400B	50 mm 以下	0.20 以下	0.35 以下	0.60〜1.50
	50 mm を超え 200 mm 以下	0.22 以下		
SM400C	100 mm 以下	0.18 以下	0.35 以下	0.60〜1.50
SM490A	50 mm 以下	0.20 以下	0.55 以下	1.65 以下
	50 mm を超え 200 mm 以下	0.22 以下		
SM490B	50 mm 以下	0.18 以下	0.55 以下	1.65 以下
	50 mm を超え 200 mm 以下	0.20 以下		
SM490C	100 mm 以下	0.18 以下	0.55 以下	1.65 以下
SM490YA	100 mm 以下	0.20 以下	0.55 以下	1.65 以下
SM490YB				
SM520B	100 mm 以下	0.20 以下	0.55 以下	1.65 以下
SM520C				
SM570	100 mm 以下	0.18 以下	0.55 以下	1.70 以下

※P，S は，いずれも 0.035%以下 　　　　　　　　　（JIS G 3106）

　なお，建築構造用圧延鋼材（SN）もあるが，これは鉄骨造建物の耐震性を確保するための変形能力向上を目的に，降伏後の伸び能力向上のため鋼材の降伏比（＝降伏応力/引張強さ）を 80%以下に抑えた低降伏比鋼である．

9.4. 圧延鋼板及び鋼帯

9.4.1. 熱間圧延軟鋼板及び鋼帯（SPH）

　熱間圧延軟鋼板及び鋼帯（hot-rolled mild steel plates, sheets and strip）は，絞り加工などの塑性加工用の鋼板及び鋼帯で，文字通り熱間加工

で作られ，JIS 材料記号は SPH（Steel, Plate, Hot の意味）である．一般用の SPHC，絞り用の SPHD，深絞り用の SPHE の 3 種があり，材料記号の 4 番目はそれぞれ Commercial, Deep drawn, deep drawn Extra に由来する．

板厚は，1.2～12.7 mm 程度が一般的であり，熱間圧延のため表面に酸化物が付着して黒い皮膜を形成している．SS 材と比較すると，引張強さが 270 MPa 以上と低く，また価格が安いという特徴がある．

9.4.2. 冷間圧延鋼板及び鋼帯（SPC）

冷間圧延鋼板及び鋼帯（cold-reduced carbon steel plates, sheets and strip）は，冷間加工で作られた絞り加工などの塑性加工用の鋼板及び鋼帯で，JIS 材料記号は SPC（Steel, Plate, Cold の意）である．一般に板厚は，SPH より薄い．一般用の SPCC，絞り用の SPCD，深絞り用の SPCE など 6 種あり，材料記号の 4 文字目の意味はそれぞれ SPH と同様である．**表 9.2** に示すように，SPCC は 0.15％C 以下の低炭素鋼であるが，絞り加工の要求が高いものほど，さらに低炭素である．**表 9.3** に示すように，伸びは 28～46％以上であるが，引張強さは 270 MPa 以上と低く，加工性を重視している．なお，SPCC は伸びや強さの規定がないため，それらを規定した場合 SPCCT とする．

表面が平滑なため「ミガキ鋼板」などとも呼ばれ，板金曲げ加工または簡

表 9.2 冷間圧延鋼板及び鋼帯（SPC）の組成 〔％〕

種類の記号	C	Mn	P	S
SPCC	0.15 以下	0.60 以下	0.100 以下	0.035 以下
SPCD	0.10 以下	0.50 以下	0.040 以下	0.035 以下
SPCE	0.08 以下	0.45 以下	0.030 以下	0.030 以下
SPCF	0.06 以下	0.45 以下	0.030 以下	0.030 以下
SPCG	0.02 以下	0.25 以下	0.020 以下	0.020 以下

(JIS G 3141)

表 9.3 冷間圧延鋼板及び鋼帯（SPC）の機械的性質

種類の記号	降伏点又は耐力〔MPa〕	引張強さ〔MPa〕	伸び〔%〕						
	厚さ〔mm〕		厚さ〔mm〕						
	0.25 以上	0.25 以上	0.25 以上 0.30 未満	0.30 以上 0.40 未満	0.40 以上 0.60 未満	0.60 以上 1.0 未満	1.0 以上 1.6 未満	1.6 以上 2.5 未満	2.5 以上
SPCC	—								
SPCCT	—	270 以上	28 以上	31 以上	34 以上	36 以上	37 以上	38 以上	39 以上
SPCD	（240 以下）	270 以上	30 以上	33 以上	36 以上	38 以上	39 以上	40 以上	41 以上
SPCE	（220 以下）	270 以上	32 以上	35 以上	38 以上	40 以上	41 以上	42 以上	43 以上
SPCF	（210 以下）	270 以上	—	—	40 以上	42 以上	43 以上	44 以上	45 以上
SPCG	（190 以下）	270 以上	—	—	42 以上	44 以上	45 以上	46 以上	—

(JIS G 3141)

単な絞り加工などに適している．熱間圧延のあと冷間圧延して硬さを高め，伸びの低下した板の機械的性質を改善するため，焼なまし処理など調質や制御圧延を行っている．

9.5. 高張力鋼（ハイテン）

高張力鋼（high tensile strength steel）は，ハイテンとも呼ばれ，圧延工程における組織の制御（結晶粒微細化）や合金元素の添加などを行って，加工性や溶接性を確保しながら強靱性を向上させた鋼で，自動車その他の構造物用および圧力容器用として使われる．加工用鋼板の高張力鋼は，冷延鋼板では引張強さ 340 MPa 以上，熱延鋼板では 490 MPa 以上と定義される．高張力鋼の JIS 規格はないが，高張力鋼に属する鋼種としては自動車用加工性冷間圧延高張力鋼板及び鋼帯がある（後述）．また，慣習的に，例えば引張強さ 490 MPa 級のハイテンを，HT490 と呼称することがある．

図 9.4 に示すように，0.2%C 以下の低炭素鋼をベースにして合金元素を添

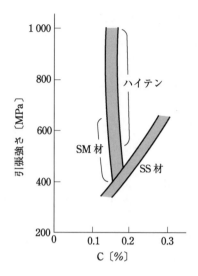

図 9.4　高張力鋼と構造用圧延鋼材の炭素量と引張強さ

加して高強度化している．一般に，溶接構造用圧延鋼材（SM）の中で，引張強さが 490 MPa 以上，降伏応力が 294 MPa 以上のものは高張力鋼に含まれる．なお，普通鋼と比較すると高強度なため，設計時に薄肉化をはかることができるが，弾性係数はあまり変わらないため弾性変形によるひずみが顕著となるので，用途によっては注意が必要である．

　鋼の溶接は炭素量が多いほど困難を伴うが，炭素以外の合金元素によっても溶接性が低下する．合金元素によってその影響の度合いが違うため，各元素の影響を炭素量相当に換算した**炭素当量**（carbon equivalent）で溶接性を評価する方法がある．炭素当量 C_{eq}〔%〕は，合金元素の含有量〔%〕を変数にして以下の式で求められる．

$$C_{eq}〔\%〕 = C + \frac{Mn}{6} + \frac{Si}{24} + \frac{Ni}{40} + \frac{Cr}{5} + \frac{Mo}{4} + \frac{V}{14} \quad (\text{JIS G 3106})$$

図 9.5 に示すように，炭素当量と硬さの関係は比例関係にあり，溶接部の割れ予測などは炭素当量から見積もることができる．

　自動車用加工性冷間圧延高張力鋼板及び鋼帯として**表 9.4** に示すような

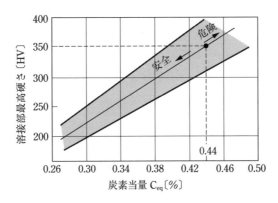

図 9.5　炭素当量と溶接部最高硬さの関係

表 9.4　自動車用加工性冷間圧延高張力鋼板及び鋼帯

種類の記号	適用厚さ〔mm〕	備　　考
SPFC340	0.6 以上 2.3 以下	絞り加工用
SPFC370		
SPFC390	0.6 以上 2.3 以下	加工用
SPFC440		
SPFC490		
SPFC540		
SPFC590		
SPFC490Y	0.6 以上 2.3 以下	低降伏比型
SPFC540Y		
SPFC590Y		
SPFC780Y	0.8 以上 2.0 以下	
SPFC980Y		
SPFC340H	0.6 以上 1.6 以下	焼付硬化型

SPFC がある．高強度なものは，良好な加工性を確保するため低降伏比型もある．また，加工ひずみ付与後の塗装焼付温度で硬化するもの（SPFC340 H）もある．自動車車体への高張力鋼の適用は，軽量化に寄与するため，使用比率は年々増加の一途をたどっている．強度と加工性を高次元に両立した 1 GPa を超える超高張力鋼板も実用化されている．

9.6. 機械構造用炭素鋼 (S-C)

機械構造用炭素鋼（carbon steels for machine structural use）は炭素量

表 9.5　機械構造用炭素鋼材の種類と性質・用途

分 類 例		炭素量〔%〕	機械的性質				用　途
			引張強さ〔MPa〕	降伏点〔MPa〕	伸び〔%〕	硬さ〔HB〕	
低炭素鋼	特別極軟鋼	＜0.08	314〜353	176〜274	30〜40	95〜100	薄板
	極軟鋼	0.08〜0.12	353〜412	196〜284	30〜40	80〜120	溶接管・サッシ・リベット
	軟鋼	0.12〜0.20	372〜470	216〜294	24〜36	100〜130	鉄骨・鉄筋・リベット・ボルト・ナット・船・車両用板・棒・形鋼
	半軟鋼	0.20〜0.30	431〜539	235〜353	22〜32	120〜145	建築・船・橋・ボイラ用板
中炭素鋼	半硬鋼	0.30〜0.40	490〜588	294〜392	17〜30	160〜175	軸・ボルト
	硬鋼	0.40〜0.50	568〜686	333〜451	14〜26	160〜200	シリンダ・レール・外輪
高炭素鋼	最硬鋼	0.50〜0.60	637〜980	353〜461	11〜20	180〜235	軸・ねじ・レール・外輪

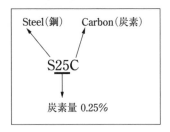

図 9.6 機械構造用炭素鋼（S-C）の材料記号

表 9.6 機械構造用炭素鋼鋼材（S-C）の組成 〔%〕

種類の記号	C	Si	Mn	P	S
S10C	0.08〜0.13	0.15〜0.35	0.30〜0.60	0.030 以下	0.035 以下
S12C	0.10〜0.15	0.15〜0.35	0.30〜0.60	0.030 以下	0.035 以下
S15C	0.13〜0.18	0.15〜0.35	0.30〜0.60	0.030 以下	0.035 以下
S17C	0.15〜0.20	0.15〜0.35	0.30〜0.60	0.030 以下	0.035 以下
S20C	0.18〜0.23	0.15〜0.35	0.30〜0.60	0.030 以下	0.035 以下
S22C	0.20〜0.25	0.15〜0.35	0.30〜0.60	0.030 以下	0.035 以下
S25C	0.22〜0.28	0.15〜0.35	0.30〜0.60	0.030 以下	0.035 以下
S28C	0.25〜0.31	0.15〜0.35	0.60〜0.90	0.030 以下	0.035 以下
S30C	0.27〜0.33	0.15〜0.35	0.60〜0.90	0.030 以下	0.035 以下
S33C	0.30〜0.36	0.15〜0.35	0.60〜0.90	0.030 以下	0.035 以下
S35C	0.32〜0.38	0.15〜0.35	0.60〜0.90	0.030 以下	0.035 以下
S38C	0.35〜0.41	0.15〜0.35	0.60〜0.90	0.030 以下	0.035 以下
S40C	0.37〜0.43	0.15〜0.35	0.60〜0.90	0.030 以下	0.035 以下
S43C	0.40〜0.46	0.15〜0.35	0.60〜0.90	0.030 以下	0.035 以下
S45C	0.42〜0.48	0.15〜0.35	0.60〜0.90	0.030 以下	0.035 以下
S48C	0.45〜0.51	0.15〜0.35	0.60〜0.90	0.030 以下	0.035 以下
S50C	0.47〜0.53	0.15〜0.35	0.60〜0.90	0.030 以下	0.035 以下
S53C	0.50〜0.56	0.15〜0.35	0.60〜0.90	0.030 以下	0.035 以下
S55C	0.52〜0.58	0.15〜0.35	0.60〜0.90	0.030 以下	0.035 以下
S58C	0.55〜0.61	0.15〜0.35	0.60〜0.90	0.030 以下	0.035 以下
S09CK	0.07〜0.12	0.10〜0.35	0.30〜0.60	0.025 以下	0.025 以下
S15CK	0.13〜0.18	0.15〜0.35	0.30〜0.60	0.025 以下	0.025 以下
S20CK	0.18〜0.23	0.15〜0.35	0.30〜0.60	0.025 以下	0.025 以下

（JIS G 4051）

を規定した 0.6%C 以下の亜共析鋼で，鋼の 5 元素以外の特殊元素を含まない調質用鋼である．第 6 〜 7 章で説明した状態図や熱処理などの基本的な事項は，実用材料としてはこの鋼種に当てはまる．機械構造用炭素鋼は，**表 9.5** に示すように，炭素量によって機械的性質が異なり，硬さの程度で，**軟鋼**（mild steel）や**硬鋼**（hard steel）などと分類され，特性に応じて適材を適所に用いる．

　JIS による材料記号は**図 9.6** のように数字は炭素量を示し，S25C ならば，約 0.25%の炭素を含有する．機械構造用炭素鋼の組成を**表 9.6** に示す．一般に炭素量が多いほど硬いが脆く，おおむね 0.3%C 以上は溶接に不向きである．炭素以外の元素は，0.15〜0.35%Si，0.60〜0.90%Mn（S25C 以下では 0.30〜0.60%Mn）を含有し，不純物は 0.030%P 以下，0.035%S 以下と規定されている．なかでも S25C 以上は焼入れ・焼戻しなどの熱処理（調質）を施して強さと靱性を増すことで，比較的重要な部材に使われる．

　S-CK 材（S09CK，S15CK，S20CK）は，P，S などの不純物元素を他の鋼種よりも低く抑え，はだ焼鋼（後述）として規定されている．

9.7.　機械構造用合金鋼

　機械構造用合金鋼（low-alloyed steels for machine structural use）は，構造材に要求される強度と靱性の特性を両立する目的で 0.5%C 以下の炭素鋼に Cr，Ni，Mo，Mn などの合金元素を添加した合金鋼である．英語名称でわかるように，低合金鋼であり合金元素の量は約 5%以下である．炭素鋼

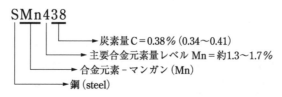

図 9.7　機械構造用合金鋼の材料記号

表 9.7 機械構造用合金鋼 〔%〕

	種類の記号	C	Mn	Ni	Cr	Mo
マンガン鋼	SMn420★	0.17〜0.23	1.20〜1.50	0.25 以下	0.35 以下	—
	SMn433	0.30〜0.36	1.20〜1.50	0.25 以下	0.35 以下	—
	SMn438	0.35〜0.41	1.35〜1.65	0.25 以下	0.35 以下	—
	SMn443	0.40〜0.46	1.35〜1.65	0.25 以下	0.35 以下	—
マンガンクロム鋼	SMnC420★	0.17〜0.23	1.20〜1.50	0.25 以下	0.35〜0.70	—
	SMnC443	0.40〜0.46	1.35〜1.65	0.25 以下	0.35〜0.70	—
クロム鋼	SCr415★	0.13〜0.18	0.60〜0.90	0.25 以下	0.90〜1.20	—
	SCr420★	0.18〜0.23	0.60〜0.90	0.25 以下	0.90〜1.20	—
	SCr430	0.28〜0.33	0.60〜0.90	0.25 以下	0.90〜1.20	—
	SCr435	0.33〜0.38	0.60〜0.90	0.25 以下	0.90〜1.20	—
	SCr440	0.38〜0.43	0.60〜0.90	0.25 以下	0.90〜1.20	—
	SCr445	0.43〜0.48	0.60〜0.90	0.25 以下	0.90〜1.20	—
クロムモリブデン鋼	SCM415★	0.13〜0.18	0.60〜0.90	0.25 以下	0.90〜1.20	0.15〜0.25
	SCM418★	0.16〜0.21	0.60〜0.90	0.25 以下	0.90〜1.20	0.15〜0.25
	SCM420★	0.18〜0.23	0.60〜0.90	0.25 以下	0.90〜1.20	0.15〜0.25
	SCM421★	0.17〜0.23	0.70〜1.00	0.25 以下	0.90〜1.20	0.15〜0.25
	SCM425★	0.23〜0.28	0.60〜0.90	0.25 以下	0.90〜1.20	0.15〜0.30
	SCM430	0.28〜0.33	0.60〜0.90	0.25 以下	0.90〜1.20	0.15〜0.30
	SCM432	0.27〜0.37	0.30〜0.60	0.25 以下	1.00〜1.50	0.15〜0.30
	SCM435	0.33〜0.38	0.60〜0.90	0.25 以下	0.90〜1.20	0.15〜0.30
	SCM440	0.38〜0.43	0.60〜0.90	0.25 以下	0.90〜1.20	0.15〜0.30
	SCM445	0.43〜0.48	0.60〜0.90	0.25 以下	0.90〜1.20	0.15〜0.30
	SCM822★	0.20〜0.25	0.60〜0.90	0.25 以下	0.90〜1.20	0.35〜0.45
ニッケルクロム鋼	SNC236	0.32〜0.40	0.50〜0.80	1.00〜1.50	0.50〜0.90	—
	SNC415★	0.12〜0.18	0.35〜0.65	2.00〜2.50	0.20〜0.50	—
	SNC631	0.27〜0.35	0.35〜0.65	2.50〜3.00	0.60〜1.00	—
	SNC815★	0.12〜0.18	0.35〜0.65	3.00〜3.50	0.60〜1.00	—
	SNC836	0.32〜0.40	0.35〜0.65	3.00〜3.50	0.60〜1.00	—
ニッケルクロムモリブデン鋼	SNCM220★	0.17〜0.23	0.60〜0.90	0.40〜0.70	0.40〜0.60	0.15〜0.25
	SNCM240	0.38〜0.43	0.70〜1.00	0.40〜0.70	0.40〜0.60	0.15〜0.30
	SNCM415★	0.12〜0.18	0.40〜0.70	1.60〜2.00	0.40〜0.60	0.15〜0.30
	SNCM420★	0.17〜0.23	0.40〜0.70	1.60〜2.00	0.40〜0.60	0.15〜0.30
	SNCM431	0.27〜0.35	0.60〜0.90	1.60〜2.00	0.60〜1.00	0.15〜0.30
	SNCM439	0.36〜0.43	0.60〜0.90	1.60〜2.00	0.60〜1.00	0.15〜0.30
	SNCM447	0.44〜0.50	0.60〜0.90	1.60〜2.00	0.60〜1.00	0.15〜0.30
	SNCM616★	0.13〜0.20	0.80〜1.20	2.80〜3.20	1.40〜1.80	0.40〜0.60
	SNCM625	0.20〜0.30	0.35〜0.60	3.00〜3.50	1.00〜1.50	0.15〜0.30
	SNCM630	0.25〜0.35	0.35〜0.60	2.50〜3.50	2.50〜3.50	0.50〜0.70
	SNCM815★	0.12〜0.18	0.30〜0.60	4.00〜4.50	0.70〜1.00	0.15〜0.30
※	SACM645※	0.40〜0.50	0.60 以下	0.25 以下	1.30〜1.70	0.15〜0.30

他の元素, Si：0.15〜0.35%, P：0.030%以下, S：0.030%以下 ★主として, はだ焼用
※アルミニウムクロムモリブデン鋼, 主として表面窒化用, Al：0.70〜1.20%, Si：0.15〜0.50%

(JIS G 4053)

と比較して，焼入性が良く，より遅い冷却速度で同等の硬さを得ることができるなど，熱処理方法との兼ね合いでより良い特性が得られる．また，特殊元素の添加により，焼戻しで再び硬くなる 2 次硬化が得られる．

　機械構造用合金鋼の JIS 材料記号は，**図 9.7** に示すように，合金元素の種類とその量のレベルと炭素量の中央値が表されている．合金元素のレベルを示す数値は大きいほど焼入性は良い傾向にある．**表 9.7** に示す 40 種が JIS 規格化されている．合金元素の添加によって TTT 曲線が**図 9.8** のように S カーブが長時間側にシフトする効果をもたらすため，空冷などでも焼きが入りやすくなるなど，焼入性が向上する．また，大型部品などで内部まで焼きが入りやすくなる．

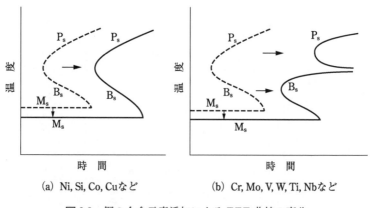

(a) Ni, Si, Co, Cuなど　　　(b) Cr, Mo, V, W, Ti, Nbなど

図 9.8　鋼の合金元素添加による TTT 曲線の変化

　一般に，炭素量が 0.25 ％を超える合金鋼を**強靱鋼**（high strength and tough steels）といい，焼入れ焼戻しを施して用いる．一方，低炭素（約 0.25 ％以下）のものを**はだ焼鋼**（steels for case hardening）といい，表面だけを硬化させるため，浸炭焼入れ・焼戻しを行い，耐摩耗性と耐衝撃性が同時に要求される部品に使用される．

9. 7. 1.　マンガン鋼など（SMn, SMnC）

　マンガン鋼（SMn）は，JIS で 4 種類が規定されている．S-C 材では 0.60

〜0.90％である Mn 添加量を，約 1.5％Mn に増して焼入性を改良した合金鋼で，約 690〜780 MPa 以上の引張強さである．Mn は焼入性を高めるが，焼戻し抵抗性が低いので引張強さは合金鋼の中ではそれほど高いほうではないが，高価な Ni や Cr などの合金元素を添加していないので比較的安価である．

さらに約 0.5％Cr を加えて焼入性を改良したマンガンクロム鋼（SMnC 443）は，JIS で 2 種類が規定されており，930 MPa 以上の引張強さをもつ．

マンガン鋼の焼入れは 830〜880℃油焼入れで，マンガンクロム鋼 SMn 433 は同温度から水焼入れとする．焼戻しはすべて 550〜650℃の高温焼戻しを行い，所望の機械的性質が得られるようにする．

9.7.2. クロム鋼など（SCr，SCM）

クロム鋼（SCr）は，JIS で 6 種類が規定されており，約 1％Cr を含有し，780〜980 MPa 以上の引張強さを示す．焼入れ時は油冷し，高温焼戻し後は，徐冷すると靭性が低下する焼戻し脆性があるので水冷する．焼入性が良く，軸，ボルト，キー，ピンなどに用いられる．

クロムモリブデン鋼（SCM）は，JIS で 11 種類が規定されており，約 1％Cr と，さらに約 0.2％Mo を含有することで，830〜1 130 MPa 以上の引張強さを示す．略称はクロモリ鋼で，合金鋼のなかでは比較的安価なわりに特性に優れることから自動車産業などを初めとして多用されており入手も容易である．焼入性が良く，焼戻し脆さも少ないため，軸，ボルト，歯車などに用いられ，溶接性が良いため自転車のフレーム等にも用いられる．

9.7.3. ニッケルクロム鋼など（SNC，SNCM）

ニッケルを含む鋼は，合金鋼としては歴史が古く代表的な合金である．

ニッケルクロム鋼（SNC）は，JIS で 5 種類が規定されている．1.0〜3.5％Ni，約 0.8％Cr を含有し，Ni の効果で粘り強さがあり，Cr の効果で焼入性が向上するため，740〜930 MPa 以上の引張強さを示す．ただし，価格的に

割高で，焼戻し脆さが顕著なので，モリブデンを添加した合金に置き換わり
つつある．

　ニッケルクロムモリブデン鋼（SNCM）は，JIS で 11 種類が規定されてい
る．0.4〜4.5%Ni，0.4〜3.5%Cr を含有し，0.15〜0.7%Mo の添加により
SNC 材よりさらに焼入性が大きく向上し，焼戻し脆さも低減する．SNC 材
より高強度であり，880〜1 080 MPa 以上の引張強さを示す．

9.8. 焼入性を保証した構造用鋼

　機械構造用合金鋼のうち，焼入性を保証した構造用鋼は JIS により**表 9.8**
の 24 種類が規定されている．材料記号の末尾に H（焼入性：Hardenability）
を付けて表すため，H 鋼とも呼ばれている．なお，断面形状を示す H 形鋼
との関連はない．化学組成はふつうの機械構造用合金鋼とそれぞれ同等であ
るが，焼入性を規定する代わりに組成の許容範囲はやや広くなっている．

表 9.8　焼入性を保証した構造用鋼

種類の記号	分　類	種類の記号	分　類
SMn420H	マンガン鋼	SCM418H	クロムモリブデン鋼
SMn433H		SCM420H	
SMn438H		SCM425H	
SMn443H		SCM435H	
SMnC420H	マンガンクロム鋼	SCM440H	
SMnC443H		SCM445H	
SCr415H	クロム鋼	SCM822H	
SCr420H		SNC415H	ニッケルクロム鋼
SCr430H		SNC631H	
SCr435H		SNC815H	
SCr440H		SNCM220H	ニッケルクロムモリブデン鋼
SCM415H	クロムモリブデン鋼	SNCM420H	

　鋼の**焼入性**（hardenability）は，焼入硬化のしやすさを示す性質であり，

焼入性が良いとは，焼入れによって表面から内部に向かって，同等の硬さが得られる寸法範囲が大きいことをいう．機械構造用炭素鋼（S-C）は，焼入れ焼戻しを施すのが一般的であるが，焼入性はそれほど良いとはいえない．そこで，焼入性の向上に効果的な元素を添加した合金鋼が注目される．

図9.9に，直径の異なる丸棒炭素鋼を焼入れしたときの直径方向の硬さ分布を示す．このように，同一組成の鋼を同じように焼入れても，大きさ（質量）が大きくなれば，冷却速度が低下するため，焼入硬さが小さくなる．逆に，大きさが小さければ焼入硬さは大きい．このように鋼材の大きさにより焼入れの効果が変化することを**質量効果**（mass effect）という．したがって，焼入性が良い合金鋼は質量効果が小さく，焼入れにより中心までよく硬化する．

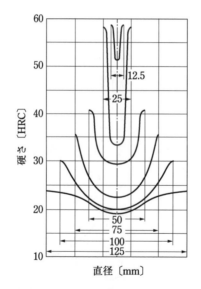

図 9.9　水焼入れした鋼の丸棒試料の断面
硬さ分布と直径の関係（0.3%C）

鋼の焼入性は，炭素量，合金元素の量，オーステナイトの結晶粒の大きさ，冷却速度などの要因によって変化する．さまざまな冷却速度で冷却したときの組織を示した TTT 曲線や CCT 曲線を参考にすれば，試料の中心付近で

は冷却速度が遅いのでマルテンサイト組織でなく微細パーライト組織となるなどの，ある程度のことが推測できるが，それは実用的ではない．

実用的な各種の鋼の焼入性評価法は，JISの鋼の焼入性試験方法に規定されており，**図9.10**のように材料の下端を水冷する一端焼入方法（JIS G 0561）すなわち**ジョミニー試験**によって行われる．図の二点鎖線で示される丸棒形状の試験片を作り，これを焼入温度に加熱して，長手方向を垂直に吊

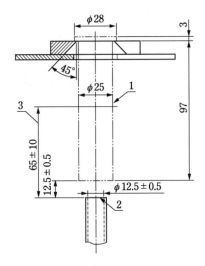

図9.10 ジョミニー試験の焼入装置

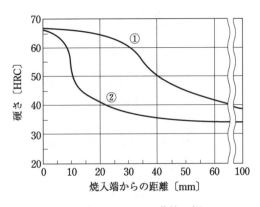

図9.11 ジョミニー曲線の例

るし，下端面を噴水で冷却する．このときの冷却速度は下端で非常に速く，上端は比較的遅い．このように，同一材料の長手方向に焼入れ時の冷却速度勾配を作り，その長手方向に沿って焼入硬さを測定する．この試験結果から，縦軸に硬さ，横軸に焼入端からの距離をとると**図 9.11** に示すような，焼入性曲線（ジョミニー曲線）が得られる．この曲線の例では，①のほうが，焼入硬さが内部に向かって保つ距離が長く，②よりも焼入性が良い．

　焼入性を保証した構造用鋼は，ジョミニー式一端焼入方法によって焼入端からの距離における硬さの上限と下限の範囲を規定している.

　例えば，**図 9.12** は SCM435H の焼入性を規定したもので，ジョミニー試験した際の表面から内部への硬さ変化について，2 つの曲線で保証する上限と下限が示されている．

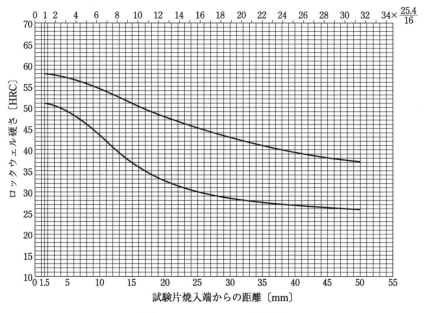

図 9.12 SCM435H の焼入性

第 **10** 章

鋼の表面熱処理

　自動車の変速機部品など，長時間継続して応力負荷された状態で使用される機械構造用部品には，疲労強度や耐摩耗性が要求される．そのため，これらの機械構造用部品は，鋼材を所望の部品形状に加工したのち，表面熱処理を施すことにより製造される．表面熱処理は，JIS では「金属製品の表面に，所要の性質を付与する目的で行う熱処理」とされており，一般には表面熱処理を施すと，表面が硬化するとともに鋼表層部に圧縮残留応力が導入される

表 10.1　鋼の表面熱処理の主な特徴

	表面焼入れ	浸炭焼入れ	窒化	軟窒化
強化機構	炭素の固溶強化 （マルテンサイト変態）		窒化物の析出強化	
長所	硬化層が深い 部分処理が可能 処理時間が短い	硬化層が深い	ひずみが小さい 硬度が高い 耐熱性が高い	ひずみが小さい 安価な鋼が使える 処理時間が短い
短所	硬化層との境に 残留応力	ひずみが大きい 耐熱性が低い	高級鋼が対象 硬化層が浅い 処理時間が長い	硬化層がごく浅い
主な適用鋼種	中炭素低合金鋼， 鋳鉄	低炭素低合金鋼	窒化鋼，ダイス鋼	低炭素低合金鋼 炭素鋼，鋳鉄
適用鋼種例	SCM440	SCM420	SACM645	SCM435

ため，部品の疲労強度および耐摩耗性が向上する．また，強さと靱性は両立しにくい特性であるが，歯車，軸などの機械部品に，表面を硬くして耐摩耗性を大きく，同時に中心部は靱性をもち衝撃荷重に耐えられる性質を与えることができる．表面熱処理を大別すると，表面だけを加熱して焼入硬化させる「表面焼入れ」と，加熱しながら効果的な元素を表面から浸透させる「熱拡散処理」に分類できる．鋼の表面熱処理の主な特徴を表10.1に示す．

10.1. 表面焼入れ

10.1.1. 高周波焼入れ

　高周波焼入れ（induction hardening）は，被処理材（鋼材）の表面に沿わせたコイルに高周波電流を流すことによって，鋼材に誘導されたうず電流の表皮効果によって処理材の表面だけを加熱して焼入硬化するプロセスである．電気エネルギを使うので管理が容易で，硬化層の深さの制御も容易である．なお，焼入れした後は必ず焼戻しを行う．耐摩耗性や耐疲労性の向上に効果的である．他の表面硬化法（例えば浸炭）に比べ部品の強度を必要とする部位のみ強化できる技術（局部硬化法）として優位性があり，さらに「ねじり強度・ねじり疲労強度」の優位性から，軸類部品を中心に適用されている．

10.1.2. 炎焼入れ

　炎焼入れ（flame hardening）は，アセチレンガス，都市ガス，プロパンガスなどの燃焼ガスと酸素との強い火炎によって，鋼の表面のみを加熱し，焼入れする操作である．高周波焼入れと同様に耐摩耗性や耐疲労性の向上を目的とした処理である．特徴は，設備費が安く，被処理品の形状や寸法に制限を受けないが，肉薄部品は局所加熱が難しく不向きである．高周波焼入れの場合と同様に，焼入れした後は必ず焼戻しを行う．

10. 1. 3. レーザビーム焼入れ

レーザビーム焼入れ (laser quenching) は，高エネルギ密度のレーザビームを鋼部品の表面に照射して加熱し，自己冷却作用によって焼入硬化させる方法である．種々のレーザ発振装置があるが，焼入れに用いているのは炭酸ガスレーザが多い．短時間に小さい面積の局所焼入れができ，ひずみの発生も少ない利点がある．一般的に焼入れ後は焼戻しを行わない．

10. 2. 浸炭焼入れ

浸炭焼入れ (carburized quenching) は，鋼を A_3 変態点以上の温度に加熱し，表面層に炭素を拡散・浸透させる浸炭処理を施し，通常，浸炭後の高温状態から焼入れすることにより表面硬化させる熱処理である．浸炭処理は，炭素が鋼表面から拡散・浸透し，比較的厚い硬化層が得られる．

浸炭焼入れは，表面（はだ）だけ硬化させるのではだ焼と呼ばれ，あえてそのままでは焼入硬化性の低い，低炭素鋼（S09CK，S15CK，S20CK）または低炭素低合金鋼（表 9.7★印など）の，通称，はだ焼鋼を用いる．浸炭後の表面の炭素量は，一般的には 0.8～0.9%C 程度である．内部は軟らかい組織のままであるため処理品は靱性が高く，表面層は耐摩耗性を維持できる．自動車部品・船舶部品等を初め，各種の機械部品に幅広く応用され，最も普及している表面熱処理である．

浸炭焼入れの短所は，焼入れ時の熱変形や変態に伴うひずみによる部品形状精度の低下がある．また，浸炭後に焼入れしたままの状態では，鋼の靱性が著しく低下する．そのため，焼入れ後に，部品形状の矯正や靱性回復を目的とした焼戻し（例えばプレステンパ処理）を施すことが必要で，製造工程数が多くなるため，製造コスト面でやや不利である．

実際の浸炭方法の種類は多く，固体浸炭，液体浸炭，ガス浸炭，真空イオン浸炭があるが，ガス浸炭はガス濃度によって層の深さを調整でき，制御しやすい点で優位性がある．

　浸炭窒化は炭素と同時に窒素を拡散・浸透させる処理で，浸入窒素の影響でA₁変態温度が低下し，処理温度も低く，寸法変化やひずみが少ないため，精密部品に採用されている．

10.3. 窒化処理

　窒化処理（nitridization, nitriding）は，鋼をA₁変態点以下の温度に加熱し，表面層に窒素を拡散・浸透（窒化）させ，窒化物のある硬化層を生成させる表面熱処理である．加熱温度が約500～600℃と浸炭処理より低温であるうえ，鋼の相変態を伴わないため，部品の精度を良好に保つことができる．また窒化層の最表面層には安定な圧縮応力が存在するため耐摩耗性と耐疲労性を有し，約600℃近くまで温度が上昇しても軟化が起こらず，熱的にも安定であり，さらに耐食性も比較的良好である．

　窒化処理の短所としては，アンモニアガスを用いるガス窒化の場合，窒化に要する時間が約25～150時間と著しく長いため，大量生産を前提とする自動車部品等には適さない．ガス窒化法の長い処理時間を改善する目的で開発されたプラズマ（イオン）窒化がある．

　窒化に適した鋼（通称，窒化鋼）は高級鋼であり，SACM645（アルミニウムクロムモリブデン鋼）が代表鋼種である．浸炭や表面焼入れによって得られる硬さが約800 HV程度であるのに対し，窒化処理の場合は1 000～1 200 HV以上が得られる．

10.4. 軟窒化

　軟窒化処理（nitrocarburizing）は，浸炭性雰囲気を利用することによって窒化反応を迅速に進行させ，耐摩耗性・耐焼付性・耐疲労性などの向上を目的とした表面熱処理であり，ガス窒化の課題を解決するものとして近年，普及しつつある．窒化処理では，処理時間が長く，高級鋼を用いるといった

制約があるが，軟窒化処理では処理時間が短く，安価な鉄鋼材料にも適用することができるため，量産部品にも向いている．軟窒化処理によって得られる表面は乳白色の仕上がりで，硬さは窒化処理（ガス窒化）よりは低くなるものの，耐摩耗性や疲労強度，耐食性は良好である．

軟窒化処理は，塩浴中で窒化する方法とガス中で窒化する方法とがあるが，環境汚染の原因となる排出物が少ない，アンモニアを主成分とする混合ガスを用いるガス軟窒化処理が普及している．

第 **11** 章

特殊用途鋼

11.1. ステンレス鋼 (SUS)

ステンレス鋼 (stainless steel) の "stainless" は錆びないという意味があり，耐食性を高めた<u>高合金鋼</u>である．JIS 材料記号は SUS (Steel Use Stainless) で，**図 11.1** に示すように，その後の数値は化学成分から分類した系統を表している．ステンレス鋼は，基本的には Fe-Cr 系合金で，10.5%Cr 以上かつ 1.2%C 以下であり，必要に応じて Ni なども含有する．Fe に Cr を添加することによって表面に**不動態被膜** (passive film) と呼ばれる腐食作用に抵抗する酸化被膜 (Cr_2O_3) が生じ，塩酸や硫酸あるいは硝酸

図 11.1 ステンレス鋼 (SUS) の材料記号

など腐食性の高い酸化性環境下で優れた耐食性を示す．ただし，塩酸や希硫酸のような非酸化性酸に対しては Cr のみでは不十分で，さらに Ni を添加することが有効である．

　ステンレス鋼は，JIS で，棒鋼は 61 種類（JIS G 4303），板及び帯は 63 種類（JIS G 4304）が規定されている．代表的なステンレス鋼を**表 11.1** に示す．化学成分から分類する場合は主要合金元素で表し，Cr 系と Cr-Ni 系の 2 つに分類できる．また，組織の違いによって 5 種類に分類することが多く，Cr 系はフェライト系，マルテンサイト系に，Cr-Ni 系はオーステナイト系，オーステナイト・フェライト系（二相系）および析出硬化系に分けられる．それぞれの材料記号の最後の 2 桁に規定はないが，大きいと Fe 以外の合金元素の量が多い傾向がある．なお，オーステナイト系のみ通常は非磁性である．

表 11.1　ステンレス鋼の分類と代表鋼種の組成

成　分	分　類	種類の記号	化学成分〔%〕				
			C	Cr	Mo	Ni	その他
Cr 系	マルテンサイト系	SUS410	0.15 以下	11.50～13.50	—	—	—
	フェライト系	SUS430	0.12 以下	16.00～18.00	—	—	—
		SUS436L	0.025 以下	16.00～19.00	0.75～1.50		0.025 N 以下
Cr-Ni 系	オーステナイト系	SUS304	0.08 以下	18.00～20.00	—	8.00～10.50	
		SUS316	0.08 以下	16.00～18.00	2.00～3.00	10.00～14.00	—
		SUS316L	0.030 以下	16.00～18.00	2.00～3.00	12.00～15.00	
	オーステナイト・フェライト系	SUS329J1	0.08 以下	23.00～28.00	1.00～3.00	3.00～6.00	
	析出硬化系	SUS631	0.09 以下	16.00～18.00	—	6.50～7.75	0.75～1.50 Al

Si，Mn，P，S の上限値が規定されている．　　　　　　　　　　　（JIS G 4304 抜粋）

ステンレス鋼の組織を確認するために，Fe-Cr 系状態図を**図 11.2** に示す．純鉄は，常温で α（フェライト）で，昇温すると γ（オーステナイト）組織となることは，Fe-C 系状態図で得られる情報と同様である．Fe への Cr 添加に伴い，この γ の存在する温度領域が狭くなり，ほぼステンレス鋼の成分に相当する約 12%Cr 以上では γ 領域がなくなるため，焼入硬化は望めない．そこで SUS410 のように Cr を少なめにして，オーステナイト安定化元素であるＣとＮを同時添加して γ 領域（γ ループ域）を拡大させることで焼入硬化可能とする．ステンレス鋼中で，焼入れ焼戻しされたこのマルテンサイト系は，強度が高い．また，オーステナイト安定化元素である Ni を添加することで常温でもオーステナイト組織とすることができる．

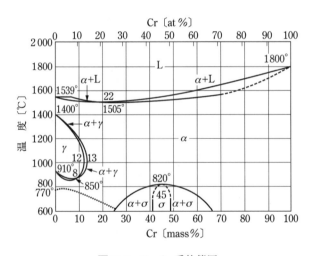

図 11.2 Fe-Cr 系状態図

適切な鋼種を選択する際に参考となる，ステンレス鋼の強度と耐食性を**図 11.3** に示す．ステンレス鋼の耐食性は，おおむね，オーステナイト系＞フェライト系＞マルテンサイト系の傾向がある．強度は，マルテンサイト系＞オーステナイト系≧フェライト系である．また，ステンレス鋼は，高温での酸化速度も小さいため耐熱鋼としての用途にも使用され，**表 11.2** に示すものがJIS で規定されている．なお，ステンレス鋼の多くは降伏比が 60％以下であ

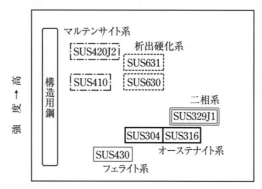

図 11.3　ステンレス鋼の強度と耐食性

表 11.2　耐熱鋼として使われるステンレス鋼

分類	種類の記号
オーステナイト系	SUS304
	SUS309S
	SUS310S
	SUS316
	SUS316Ti
	SUS317
	SUS321
	SUS347
	SUSXM15J1
フェライト系	SUS405
	SUS410L
	SUS430
マルテンサイト系	SUS403
	SUS410
	SUS410J1
	SUS431
析出硬化系	SUS630
	SUS631

り，靭性に富んだ構造材料であるが，熱伝導性が低いため切削時の熱が逃げにくく溶着しやすい難削材である．

11.1.1. マルテンサイト系ステンレス鋼

マルテンサイト系は，Cr 系ステンレス鋼（400 系）に属し，焼入れでマルテンサイト組織にして，焼戻しにより靭性を与えた，高強度，高耐力なステンレス鋼である．高温でオーステナイト組織にする必要があるので，Fe-Cr 系状態図からわかるように基本は低 Cr（通称 13Cr ステンレス）であり，代表鋼種として SUS410 や SUS420 などがある．また，特性を改善した，高 Cr の鋼種があるが，オーステナイト安定化元素である C の含有量などを増加させている．耐食性・溶接性は他の系より劣るが，<u>高強度で耐摩耗性に富むため，刃物等に用いられる</u>．なお，Cr 炭化物の固溶を考え，オーステナイト化したのち油冷，焼戻しを行う．このような熱処理により，SUS410 で引張強さ 540 MPa 以上，伸び 25% 以上，SUS420 で 640 MPa 以上，20% 以上が得られる．

11.1.2. フェライト系ステンレス鋼

フェライト系も，Cr 系ステンレス鋼（400 系）に属するが，高温に加熱してもフェライト組織を示すステンレス鋼である．高温でもオーステナイト組織にならないので焼入硬化は望めない．耐食性や強度はどちらもほどほどであるが，<u>高価な原料である Ni を含むオーステナイト系より安価なため，使用上の問題がなければ第一選択肢となる</u>．Fe-Cr 系状態図の γ 領域にかからない高 Cr で，通称 18Cr ステンレスが基本あり，代表鋼種として SUS430 などがある．13Cr のものより耐食性が良好で，またオーステナイト系のような加工変態も起こらないため，ステンレス鋼中，最も普及している鋼種である．SUS436L は Low Carbon すなわち炭素量を少なくした鋼種である．

フェライト系は，**応力腐食割れ**（stress corrosion cracking）を起こしに<u>くく</u>，耐酸化性に優れ，溶接性がよいので，例えばプラントなどに多く使用

される．展伸性や非酸化性酸に対する耐食性は後述するオーステナイト系に劣る．

　耐食性に優れるフェライト系ステンレス（高純度フェライト系ステンレス）が開発され，オーステナイト系からの代替として使われている．最近は，より低C高Crなステンレス鋼が高耐食フェライト系ステンレス鋼として用いられている．

11.1.3.　オーステナイト系ステンレス鋼

　オーステナイト系は，Cr-Ni系ステンレス鋼（300系）に属し，オーステナイト安定化元素のNiを含むことで，常温においてオーステナイト組織を示すステンレス鋼である．SUS304やSUS316，SUS316Lなどが代表的な鋼種である．Niの添加により，塩酸や希硫酸のような非酸化性酸に対しても良好な耐食性を有し，総じて優れた特性をもつのでフェライト系より高価であるが広く使われている．焼入硬化性はないが，展伸性に富み，低温においても粘り強い性質をもつ．耐力は低い（SUS304＜SUS430）が加工硬化により比較的高強度を得る（SUS304＞SUS430）ことができる．したがって，ばね材料としても使われている．

　食品設備や一般の化学設備などにも用いられることが多い．身近な例として，スプーンなどのステンレス製洋食器の柄の部分にしばしば18-8の刻印を見ることができるが，これはFe-18%Cr-8%Niの意味なのでSUS304相当である．本来，非磁性のオーステナイト系ステンレス鋼であるが，磁性をもつこともある．これは，冷間加工時の加工誘起マルテンサイト変態に起因する．

　SUS316はMoを添加することでSUS304に比べてさらに耐食性を向上させている．約500～800℃に加熱されると結晶粒界にクロム炭化物（$Cr_{23}C_6$）が析出して耐食性が悪化する傾向にあるが，炭素量を減らしたSUS316Lは，耐粒界腐食性を向上させている．

11. 1. 4. オーステナイト・フェライト二相系ステンレス鋼

二相ステンレス鋼（duplex stainless steel）は，オーステナイトとフェライト組織とが混在するステンレス鋼である．代表鋼種として，SUS329J1 やSUS329J4 などがあり，高 Cr で適量の Ni を含み，耐食性は SUS304 より優れている．二相系は，オーステナイト系の欠点である応力腐食割れに強い．フェライト系の組織ももつため，磁性がある．延性はフェライトに近い性質を示し，高強度，高耐食性なわりに比較的経済的な材料で，化学プラント，ケミカルタンカー等に使われる．

11. 1. 5. 析出硬化系ステンレス鋼

析出硬化系は，マルテンサイト系と同等の強度とオーステナイト系と同等の耐食性を併せもつ優れたステンレス鋼で，析出硬化（詳細は第 14 章）させるため，Al，Cu などの元素を少量添加している．組織はさまざまであり，代表鋼種の SUS630（17Cr‐4Ni‐4Cu；通称 17-4 PH）は，固溶化熱処理の状態でマルテンサイト組織をもち，シャフト，タービン部品，スチールベルト，ばね材，などに利用される．また，SUS631（17Cr‐7Ni‐1Al；通称 17-7 PH）は，Al を添加することで析出硬化性をもたせたセミオーステナイト系ステンレスで，ばねにも使われる．これらは，18Cr のフェライト系ステンレスより耐食性が優れている．

析出硬化型ステンレス鋼から発展した超強力鋼として，マルエージング鋼がある．名前は，マルテンサイトにした状態で時効処理（aging）を行うということに由来する．成分は 18Ni‐9Co‐5Mo で，約 2 GPa 以上の強度を有し，高靱性，高疲労強度である．自動車無段変速機（CVT）のベルトやロケット用部品などの用途に使用されている．

11. 2. 耐熱鋼（SUH 等）

耐熱鋼（heat resisting steel）は，高温環境で使用されることを想定し，

高温における，耐酸化性，耐食性ならびに強度が優れている高合金鋼である．JIS には，耐熱鋼またはそれに類似する耐熱合金として，耐熱鋼（SUH），耐食耐熱超合金（NCF），耐熱鋳鋼（SCH）がある．耐熱鋼（SUH）の SU は従前通り（steel use）で，H は耐熱（heat resisting）に由来する．組成（化学成分）はステンレス鋼によく似ており，Fe-Cr を基本として必要に応じて Ni などの元素が添加されている．実際，表 11.2 に示すステンレス鋼は耐熱鋼としても規定されている．したがって耐熱鋼は，ステンレス鋼と同様に，常温における組織によってマルテンサイト系，フェライト系，オーステナイト系に分類される．JIS で規定されている耐熱鋼のうち主なものを**表 11.3** に示す．全般的には，Cr や Ni を初めとする合金元素が多いほど耐熱性が良い傾向にある．

　一般に，鋼を加熱した場合，おおむね 500℃を超えると酸化の進行が速くなり，より高くなると酸化物層（酸化スケール）が生成する．金属の耐熱性を高めるには，表面にできた酸化物層が緻密でよく密着しており，それ以上の酸化を防止するような作用をもっていることが望まれる．しかし，Fe スケールの密着性や安定性は不十分である．そのため，高温での酸化防止作用をもたせるために，Cr, Al, Si などの元素が添加される．これらの合金元素は，Fe よりも先に選択的に酸化され，薄くて緻密な酸化物被膜（Cr_2O_3, Al_2O_3, SiO_2）を作り，酸化の進行を抑制する．

　金属材料の引張特性は温度依存性があり，通常，高温になるに従い，破断伸びが増加するが引張強さは低下する．鋼の場合は，200℃付近で青熱脆性を示し破断伸びが低下するが，おおむね高温における強度低下は避けられない．特に，高温における変形として，一定応力のもとでしだいに変形が進行するクリープ現象があり，耐熱材料としては，高温強度ばかりでなくクリープ強さ（耐クリープ性）も重要である．

　また，昇温や高温を繰り返す環境下における使用時に考慮すべき特性として，熱膨張係数がある．これは，単に寸法変化の問題ばかりでなく，材料表面の酸化物被膜が剥離しやすいかどうかに影響するためである．一般に，酸

表 11.3　代表的な耐熱鋼

種類	記号 SUH	化学成分〔%〕						おもな用途
		C	Si	Mn	Ni	Cr	その他	
マルテンサイト系	1	0.40〜0.50	3.00〜3.50	0.60 以下	—	7.50〜9.50	—	バルブ用
	3	0.35〜0.45	1.80〜2.50	0.60 以下	—	10.00〜12.00	Mo：0.70〜1.30	
	4	0.75〜0.85	1.75〜2.25	0.20〜0.60	1.15〜1.65	19.00〜20.50	—	
	600	0.15〜0.20	0.50 以下	0.50〜1.00	—	10.00〜13.00	Mo：0.30〜0.90 V：0.10〜0.40 N：0.05〜0.10 Nb：0.20〜0.60	耐熱用
	616	0.20〜0.25	0.50 以下	0.50〜1.00	0.50〜1.00	11.00〜13.00	Mo：0.75〜1.25 W：0.75〜1.25 V：0.20〜0.30	耐熱・耐酸化用
フェライト系	446	0.20 以下	1.00 以下	1.50 以下	—	23.00〜27.00	N：0.25 以下	耐酸化用
オーステナイト系	31	0.35〜0.45	1.50〜2.50	0.60 以下	13.00〜15.00	14.00〜16.00	W：2.00〜3.00	バルブ用
	309	0.20 以下	1.00 以下	2.00 以下	12.00〜15.00	22.00〜24.00	—	耐熱・耐酸化用
	310	0.25 以下	1.50 以下	2.00 以下	19.00〜22.00	24.00〜26.00		
	330	0.15 以下	1.50 以下	2.00 以下	33.00〜37.00	14.00〜17.00		
	661	0.08〜0.16	1.00 以下	1.00〜2.00	19.00〜21.00	20.00〜22.50	Mo：2.50〜3.50 W：2.00〜3.00 Co：18.50〜21.00 N：0.10〜0.20 Nb：0.75〜1.25	高温耐熱用

（JIS G 4311 より抜粋）

化物被膜の熱膨張係数は母材金属のそれより小さいので，熱膨張係数の小さい鋼種であれば被膜との膨張差が小さくて剥離が起こりにくい．一例として，フェライト系の SUS430 の熱膨張係数は，オーステナイト系の SUS304 より小さい．すなわち，本来 SUS304 の耐食性が高いのに，繰返し加熱では SUS430 が有利となって，逆転する場合があるので注意が必要である．

　耐熱鋼の用途としては，自動車エンジン用排気弁・排気管，船舶用蒸気タービン・ジェットエンジンなどさまざまである．

・マルテンサイト系耐熱鋼

　マルテンサイト系は，焼入れしてマルテンサイト組織にした後，焼戻して使用される耐熱鋼である．約550℃以下において，オーステナイト系およびフェライト系と比較して強度が高いという特長をもつ．代表鋼種として SUH4 などがある．マルテンサイト系は，Cr のほかに Mo, W, Ni, Si などを含有し，Cr, Si は耐酸化性，Cr, Mo, W は耐クリープ性を高める目的で添加されている．約1 000℃から焼入れ，600〜850℃で焼戻して使用する．

・フェライト系耐熱鋼

　フェライト系は，一般に熱膨張係数が小さくかつ熱伝導度が大きいため，高温度におけるクリープ強さおよび降伏点が高いという特長をもつ．代表鋼種である SUH 446 は高クロム鋼で，耐酸化性に優れ，780〜880℃で焼なましを行って使用する．

・オーステナイト系耐熱鋼

　オーステナイト系は，耐高温酸化性と高い高温強度を有し，一般に靱性が高く，成形性および溶接性も優れている．代表鋼種として SUH310 などがある．Cr, Ni の含有量が多いため，組織は常温でもオーステナイトであり，耐酸化性・耐クリープ性ともにフェライト系・マルテンサイト系よりも優れている．Mo, W, Co などは耐クリープ性を高める．SUH661 は，合金元素の量が特に多く，次に述べる超耐熱合金に分類されるものである．鋼種によっては，固溶化処理を行ったのち時効して使用する．

・耐食耐熱超合金（超合金）

　耐熱鋼の性能を高めるため合金元素の含有率の合計が約 50% を超える場合や，むしろ Ni または Co を主成分とする場合は，超耐熱合金，耐食耐熱超合金，または**超合金**（super alloy）と呼ばれる．ジェットエンジンのタービンブレード，ノズル，燃焼室などに使われ，要求される高度な耐熱性・耐食性などに応じた多種多様な合金が開発されている．

　JIS に規定されている耐食耐熱超合金の化学成分とそれに相当する製品名を**表 11.4** に示す．いずれもオーステナイト組織の合金である．超合金は**図11.4** に示すように，耐酸化性が優れており，かつクリープ耐用温度が高い．

　超合金においては，結晶粒界がクリープ破断の起点になりやすいことに着目して，粒界を減らすか，なくす努力がなされている．実際，Ni 基超合金の開発においては，鍛造合金から普通鋳造合金，一方向凝固合金，単結晶合金へと進化してきた．

表 11.4　代表的な耐食耐熱超合金

種類	化学成分〔%〕									相当外国品名
	C	Ni	Cr	Fe	Mo	Cu	Al	Ti	Nb+Ta	
NCF 600	0.15 以下	72.0 以上	14.0〜17.0	6.0〜10.0	—	0.5 以下	—	—	—	Inconel 600
NCF 601	0.1 以下	58.0〜63.0	21.0〜25.0	残部	—	1.0 以下	1.0〜1.7	—	—	Inconel 601
NCF 750	0.08 以下	70.0 以上	14.0〜17.0	5.0〜9.0	—	0.5 以下	0.4〜1.0	2.25〜2.75	0.7〜1.2	InconelX 750
NCF 800	0.10 以下	30.0〜35.0	19.0〜23.0	残部	—	0.75 以下	0.15〜0.60	0.15〜0.60	—	Incoloy 800
NCF 825	0.05 以下	38.0〜46.0	19.5〜23.5	残部	2.50〜3.50	1.50〜3.50	0.20 以下	0.6〜1.2	—	Incoloy 825
NCF 80A	0.04〜0.10	残部	18.0〜21.0	1.50 以下	—	0.20 以下	1.0〜1.8	1.8〜2.7	—	Nimonic 80 A

（JIS G 4902 より抜粋）

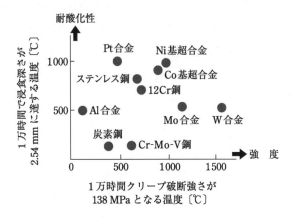

図 11.4　種々の金属材料の耐酸化性と強度から見た耐用温度の比較

11. 3.　ばね鋼 (SUP)

ばね鋼 (spring steel) は，ばね用の鋼材で，主に熱間加工で成形し熱処理によって性能を得る．高い弾性限と高い疲れ強さをもちあわせるのが特徴で，主に大型コイルばねなどに使われる．JIS に，ばね鋼として表 11.5 に示す約 0.5～0.6 ％C の高炭素低合金鋼の 8 種類が規定されている．ばね鋼

表 11.5　ばね鋼 (SUP) の組成〔％〕

種類の記号	C	Si	Mn	Cr	その他
SUP6	0.56～0.64	1.50～1.80	0.70～1.00	—	—
SUP7	0.56～0.64	1.80～2.20	0.70～1.00	—	—
SUP9	0.52～0.60	0.15～0.35	0.65～0.95	0.65～0.95	—
SUP9A	0.56～0.64	0.15～0.35	0.70～1.00	0.70～1.00	—
SUP10	0.47～0.55	0.15～0.35	0.65～0.95	0.80～1.10	0.15～0.25 V
SUP11A	0.56～0.64	0.15～0.35	0.70～1.00	0.70～1.00	0.0005 B 以上
SUP12	0.51～0.59	1.20～1.60	0.60～0.90	0.60～0.90	—
SUP13	0.56～0.64	0.15～0.35	0.70～1.00	0.70～0.90	0.25～0.35 Mo

※不純物量の規定は省略　　　　　　　　　　　　　　　　（JIS G 4801）

（SUP）の SU は従前通り（steel use）で，P はばね（spring）の二文字目に由来する．主要鋼種は，Mn-Cr 系（SUP9，SUP9A），Si-Cr 系（SUP12）などである．ばね鋼は，丸棒や線材で供給されるものが多く，その寸法の許容誤差の規定も定められており，用途はばね以外にも幅広く使うことができる．

なお，小型のばねは，線材などをもとに強い冷間加工により成形した加工ばねが主流である．この場合，ピアノ線（SWP），硬鋼線（SWC），ステンレス鋼線（SUS304WPB 等），ばね用冷間圧延鋼帯などの適切な鋼種が用途に応じて使用される．また，耐熱用としては SKD4（後述）なども使われることがある．

11. 4. 軸受鋼（SUJ）

軸受鋼（bearing steel）は，転がり軸受（ベアリング）の球，ころ，内輪および外輪に使用するのに適した鋼で，高速で変動する繰返し荷重を長期に受ける使用条件から，高い疲れ強さと耐摩耗性が要求されるので，鋼の清浄度や組織の均一性を重視して製造される．

JIS では，高炭素クロム軸受鋼（SUJ）が規定されており，表 11.6 に示す約 1%C の高炭素鋼に約 1〜1.5%Cr を添加した SUJ2〜SUJ5 の 4 種類が規定されている．軸受鋼（SUJ）の SU は従前通り（steel use）で，J は日本語の軸受（jikuuke）に由来する．これらは，炭素工具鋼の SK105（1.05%C）に Cr を添加したものに相当するので，軸受以外に，工具，冶具などの耐摩

表 11.6　高炭素クロム軸受鋼（SUJ）の組成　〔%〕

種類の記号	C	Si	Mn	Cr	Mo
SUJ2	0.95〜1.10	0.15〜0.35	0.50 以下	1.30〜1.60	0.08 以下
SUJ3	0.95〜1.10	0.40〜0.70	0.90〜1.15	0.90〜1.20	0.08 以下
SUJ4	0.95〜1.10	0.15〜0.35	0.50 以下	1.30〜1.60	0.10〜0.25
SUJ5	0.95〜1.10	0.40〜0.70	0.90〜1.15	0.90〜1.20	0.10〜0.25

（JIS G 4805）

耗部品にも使用される.

通常は SUJ2 が用いられ, 比較的大型の部材であるために焼入性を向上させたい場合には Mn 添加により焼入性を改善した SUJ3 が採用される. また, SUJ4 と SUJ5 はそれぞれ SUJ2 と SUJ3 に Mo を 0.2%程度添加したもので焼入性がよく, 大型の軸受に使用される.

軸受の寿命は, マルテンサイト組織中に分散する非常に硬い Cr 炭化物の形状と分布が影響するので, 球状化焼なましをすることが必要である.

転がり軸受には, SUJ 以外も用いられ, 例えばニッケルクロムモリブデン鋼などのはだ焼鋼を用いて, 浸炭により表面に硬さと内部に靱性をもたせることも多い. また, 耐熱軸受鋼として, Al を添加した MHT 鋼や, 4%Cr - 4%Mo のセミハイス (M50) や Mo ハイス (SKH51) などが使用される. また耐食軸受鋼 (ステンレス軸受鋼) として SUS440C がある.

なお, すべり軸受には, すべり軸受用の非鉄合金鋳物が使われる. 代表的な合金のホワイトメタルは, Sn 基または Pb 基の合金である. また, 後述する, 青銅鋳物やリン青銅も多く用いられる.

11.5. 快削鋼 (SUM)

快削鋼 (free cutting steel) は, 鋼の被削性, 例えば切削能率, 工具寿命や切りくず処理性などを向上させた鋼である. JIS では, 炭素鋼に S を添加, 必要に応じて P, Pb なども添加した, 表11.7 に示す硫黄及び硫黄複合快削鋼 (SUM) が規定されている. SUM の SU は従前通り (steel use) で, M は被削性 (machinability) に由来する. 末尾に L のあるものは, Pb が添加されている.

硫黄快削鋼は, 軟らかく脆い MnS が鋼中に分散しているため, 切削加工時に応力集中源として作用することで切削抵抗が小さく, 切りくず排出性も良好である. 切りくず処理性が良いと, 切りくずが被削材や工具に絡み付いて切削加工ラインの自動運転を阻害し生産性を低下させるということを防ぐ

表11.7　硫黄及び硫黄複合快削鋼（SUM）

〔%〕

種類の記号	C	Mn	P	S	Pb
SUM21	0.13 以下	0.70〜1.00	0.07〜0.12	0.16〜0.23	—
SUM22	0.13 以下	0.70〜1.00	0.07〜0.12	0.24〜0.33	—
SUM22L	0.13 以下	0.70〜1.00	0.07〜0.12	0.24〜0.33	0.10〜0.35
SUM23	0.09 以下	0.75〜1.05	0.04〜0.09	0.26〜0.35	—
SUM23L	0.09 以下	0.75〜1.05	0.04〜0.09	0.26〜0.35	0.10〜0.35
SUM24L	0.15 以下	0.85〜1.15	0.04〜0.09	0.26〜0.35	0.10〜0.35
SUM25	0.15 以下	0.90〜1.40	0.07〜0.12	0.30〜0.40	—
SUM31	0.14〜0.20	1.00〜1.30	0.040 以下	0.08〜0.13	—
SUM31L	0.14〜0.20	1.00〜1.30	0.040 以下	0.08〜0.13	0.10〜0.35
SUM32	0.12〜0.20	0.60〜1.10	0.040 以下	0.10〜0.20	—
SUM41	0.32〜0.39	1.35〜1.65	0.040 以下	0.08〜0.13	—
SUM42	0.37〜0.45	1.35〜1.65	0.040 以下	0.08〜0.13	—
SUM43	0.40〜0.48	1.35〜1.65	0.040 以下	0.24〜0.33	—

（JIS G 4804）

ことができる．SUM20 番台は低炭素快削鋼であり，機械的性質よりも切削性が重視される場合に選択される．SUM30, 40 番台は，中炭素快削鋼であり，熱処理（調質）して SS400 相当以上の引張強さを示す．S による強度劣化を防ぐためその量を減じ，Mn の量を高めにしてある．

　Pb を添加した快削鋼は，融点が低い Pb 粒が鋼中に分散しているため，切削熱により溶融または軟化することで潤滑作用を得て，工具寿命の延長や切削抵抗の減少を実現している．これは優れた快削鋼ではあるが，環境負荷物質である Pb の使用量削減の動きが活発化するなか，代替の快削鋼の開発が進められ，それらに切り替える事例が増えている．

　Ca を添加した快削鋼は，Ca 系酸化物を分散させ，それが高速切削時に工具表面に付着して保護する役割をする．機械的性質などは，基本となる鋼と同等である．さらに，これら快削に寄与する機構の異なる合金元素を複合的に添加して，さらに被削性を改善した複合快削鋼も開発されている．

　一方，ステンレス鋼は難削材で，特に SUS304 に代表されるオーステナ

イト系は耐力が低く加工誘起のマルテンサイト変態なども影響し加工硬化が大きいため切削加工が難しい．そこで，S，Pを添加することにより，被削性を改善した快削ステンレス鋼が必要に応じて使われる．**図 11.5** にステンレス鋼の被削性と耐食性を示す．オーステナイト系の快削ステンレス鋼にはSUS303 があり，SUS304 より被削性は良好であるが耐食性はやや劣る．フェライト系では SUS430F，マルテンサイト系では SUS416，SUS420F が代表的な快削ステンレス鋼である．末尾の F は，快削（Free cutting）に由来する．

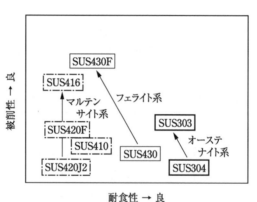

図 11.5　ステンレス鋼の被削性と耐食性

第 **12** 章

工具材料

▌ *12. 1. 工具鋼 (tool steels)*

　工具鋼は，切削加工，塑性加工などに用いる各種工具・ジグに用いる鋼の総称である．工具鋼に要求される性質は，使用温度における硬さ，耐摩耗性，靱性が優れていることなどがある．図 9.2 に示すように，組成および性能によって，炭素工具鋼，合金工具鋼，および高速度工具鋼に分類される．

12. 1. 1. 炭素工具鋼 (SK)

　炭素工具鋼 (carbon tool steel) は，機械構造用炭素鋼より高炭素で 0.6～1.4%C を含有し，特別に合金元素を添加しない基本的な工具鋼である．JIS では炭素工具鋼 (SK) に規定されており，代表例を**表 12.1** に示す．SK の S は (steel) で，K は日本語の工具 (kougu) に由来する．強さと耐摩耗性が比較的優れているが，焼入れで脆性的になるので，通常，焼入れ・焼戻しの熱処理を行って使用される．耐摩耗性を必要とするような用途には炭素量の多いものを，粘り強さを必要とするような用途には炭素量の低めのものが使用される．ただし，温度が上がると軟化しやすいため，過度の加熱を伴わない手工具などに用いられる．

表 12.1　主な炭素工具鋼

種類の記号		化学成分〔%〕	用途例（参考）
（旧）	（新）	C（±0.05）	
SK2	SK120	1.20	ドリル・小形ポンチ・かみそり・鉄工やすり・刃物・ハクソー・ぜんまい
SK3	SK105	1.05	ハクソー・たがね・ゲージ・ぜんまい・プレス型・治工具・刃物
SK4	SK95	0.95	木工用きり・おの・たがね・ぜんまい・ペン先・チゼル・スリッターナイフ・プレス型・ゲージ・メリヤス針
SK5	SK85	0.85	刻印・プレス型・ぜんまい・帯のこ・治工具・刃物・丸のこ・ゲージ・針
SK6	SK75	0.75	刻印・スナップ・丸のこ・ぜんまい・プレス型
SK7	SK65	0.65	刻印・スナップ・プレス型・ナイフ

※このほかに，SK60，70，80，90，140 がある．
※化学成分は，Si，Mn，P，S の量が規定されている．　　（JIS G 4401 抜粋）

12. 1. 2.　合金工具鋼（SKS, SKD, SKT）

　合金工具鋼（alloy tool steels）は，炭素工具鋼よりさらに耐衝撃性，耐摩耗性，耐熱性，焼入性などを高めるために，Ni，Cr，Mo，W，V などの合金元素を 1 種類以上添加した工具鋼である．用途により，切削工具鋼用（タップ・丸鋸など），耐衝撃工具鋼用（タガネ・ポンチなど），冷間金型用，熱間金型用，に区分される．

　JIS では合金工具鋼（SKS, SKD, SKT）として規定されているが，3 種類の規格が統合された経緯から，材料記号はそのまま使われている．SKS は特殊（Special）工具鋼，SKD はダイス（Dice）鋼，SKT は鍛造（Tanzo）工具鋼に由来する．代表例を**表 12.2** に示す．

　SKS は主に切削工具鋼用と耐衝撃工具鋼用である．切削工具鋼用は，炭素工具鋼と同等の 0.8～1.4%C の高炭素鋼をベースとして，Cr などを合金

表 12.2 合金工具鋼の例

切削工具鋼用

種類の記号	化学成分〔%〕						用途例（参考）
	C	Si	Mn	Cr	W	V	
SKS2	1.00〜1.10	0.35以下	0.80以下	0.50〜1.00	1.00〜1.50	—	タップ・ドリル・カッタ・プレス型・ハクソー
SKS7	1.10〜1.20	0.35以下	0.50以下	0.20〜0.50	2.00〜2.50	—	
SKS11	1.20〜1.30	0.35以下	0.50以下	0.20〜0.50	3.00〜4.00	0.10〜0.30	バイト・冷間引抜ダイス・センタドリル

耐衝撃工具鋼用

種類の記号	化学成分〔%〕						用途例（参考）
	C	Si	Mn	Cr	W	V	
SKS4	0.45〜0.55	0.35以下	0.50以下	0.50〜1.00	0.50〜1.00	—	たがね・ポンチ・シャー刃

冷間金型用

種類の記号	化学成分〔%〕						用途例（参考）
	C	Si	Mn	Cr	Mo	W	V	
SKS3	0.90〜1.00	0.35以下	0.90〜1.20	0.50〜1.00	—	0.50〜1.00	—	ゲージ・シャー刃・プレス型・ねじ切ダイス
SKD11	1.40〜1.60	0.40以下	0.60以下	11.00〜13.00	0.80〜1.20	—	0.20〜0.50	ゲージ・ねじ転造ダイス・金属刃物・ホーミングロール・プレス型

熱間金型用

種類の記号	化学成分〔%〕								用途例（参考）
	C	Si	Mn	Ni	Cr	Mo	W	V	
SKD62	0.32〜0.40	0.80〜1.20	0.20〜0.50	—	4.75〜5.50	1.00〜1.60	1.00〜1.60	0.20〜0.50	プレス型・押出工具
SKT3	0.50〜0.60	0.35以下	0.60以下	0.25〜0.60	0.90〜1.20	0.30〜0.50	—	—	鍛造型・プレス型・押出工具

※このほか, P, S の上限が規定されている.

(JIS G 4404 抜粋)

元素として焼入性を高めている．SKS11 などがこれに分類されるが，切削用の工具鋼としては SKH（後述）のほうが主流である．耐衝撃工具鋼用は 0.4〜1.05％C とやや低炭素で，Cr，W などを添加して靱性と耐摩耗性を向上させている．SKS4 などが代表鋼種である．

　SKD は主に金型用である．金型には，優れた耐摩耗性と耐衝撃性をもち，熱処理変形が小さいことが要求される．冷間金型用の代表例として SKS3 や SKD11 などがあり，炭素量は SKS では 0.85〜1.05％C のもの，SKD では 1.0〜2.15％C の非常に高炭素なものまである．一方，熱間金型用としては，耐ヒートチェック性と呼ばれる，昇降温の繰り返しによる応力サイクルによるクラックの発生への耐性が必要となり，そのため炭素量が 0.3〜0.4％C と低めの SKD が用いられる．熱間金型用の代表例として，SKD61 や 62 は，高温強度・靱性のバランスがよく焼入性に優れ，ダイカスト型，熱間押し出し型，プレス鍛造型など幅広い用途に適用される．また，鍛造金型用には SKT が用いられるが，これは炭素量が 0.45〜0.55％C で熱間金型用 SKD よりやや高炭素である．

12.1.3.　高速度工具鋼（SKH）

　切削用工具鋼の主流は，**高速度工具鋼**（**HSS**, high speed tool steel）であり，通称**ハイス**と呼ばれる．高炭素鋼をベースに多くの W を含有し，さらに Cr，Mo，V，Co などを添加した合金鋼で，炭素工具鋼や合金工具鋼よりさらに高速切削が可能な鋼種である．JIS 材料記号は SKH で，意味は Steel，Kougu（工具），High-speed に由来する．後述する超硬合金が普及し，使用量は減少しているが，靱性が高く衝撃に強いためバイトよりドリル，タップ，エンドミル，リーマなどの工具に用いられる．

　高速度工具鋼の代表例を**表 12.3** に示す．高速度工具鋼は成分によって，W 系と Mo 系に分類される．硬く耐摩耗性に優れた W 系は，W を比較的多く含み，18％W-4％Cr-1％V の組成をもつ SKH2 を基本として，Co も添加して硬さを増加させた SKH3, 4, 10 の計 4 種がある．また，最近は Mo

表12.3 主な高速度工具鋼

種類の記号		化学成分〔%〕						用途例（参考）
		C	Cr	Mo	W	V	Co	
W系	SKH2	0.73～0.83	3.80～4.50	—	17.20～18.70	1.00～1.20	—	一般切削用
	SKH3	0.73～0.83	3.80～4.50	—	17.00～19.00	0.80～1.20	4.50～5.50	高速重切削用
	SKH4	0.73～0.83	3.80～4.50	—	17.00～19.00	1.00～1.50	9.00～11.00	難削材切削用
	SKH10	1.45～1.60	3.80～4.50	—	11.50～13.50	4.20～5.20	4.20～5.20	高難削材切削用
Mo系	SKH40	1.23～1.33	3.80～4.50	4.70～5.30	5.70～6.70	2.70～3.20	8.00～8.80	硬さ，じん性，耐摩耗性を必要とする一般切削用
	SKH50	0.77～0.87	3.50～4.50	8.00～9.00	1.40～2.00	1.00～1.40	—	じん性を必要とする一般切削用
	SKH51	0.80～0.88	3.80～4.50	4.70～5.20	5.90～6.70	1.70～2.10		
	SKH52	1.00～1.10	3.80～4.50	5.50～6.50	5.90～6.70	2.30～2.60	—	比較的じん性を必要とする高硬度材切削用
	SKH53	1.15～1.25	3.80～4.50	4.70～5.20	5.90～6.70	2.70～3.20	—	
	SKH54	1.25～1.40	3.80～4.50	4.20～5.00	5.20～6.00	3.70～4.20	—	高難削材切削用
	SKH55	0.87～0.95	3.80～4.50	4.70～5.20	5.90～6.70	1.70～2.10	4.50～5.00	比較的じん性を必要とする高速重切削用
	SKH56	0.85～0.95	3.80～4.50	4.70～5.20	5.90～6.70	1.70～2.10	7.00～9.00	
	SKH57	1.20～1.35	3.80～4.50	3.20～3.90	9.00～10.00	3.00～3.50	9.50～10.50	高難削材切削用
	SKH58	0.95～1.05	3.50～4.50	8.20～9.20	1.50～2.10	1.70～2.20	—	じん性を必要とする一般切削用
	SKH59	1.05～1.15	3.50～4.50	9.00～10.00	1.20～1.90	0.90～1.30	7.50～8.50	比較的じん性を必要とする高速重切削用

※このほか，Si，Mn，P，Sの上限値が規定されている．

（JIS G 4403 抜粋）

量を W と同等に多く含み，靱性に優れた Mo 系（SKH50 番台）が多く使われ，SKH51 など 10 種ある．さらに，粉末冶金で製造した Mo 系として SKH40 が規格化されており，バランスのとれた特性を有している．

12.2. 鋼以外の工具材料

　数値制御工作機械を用いた生産性の高い加工では，高速度な切削条件に耐えられる工具材料が要求され，**図 12.1** に示すような各種工具材料が使用されている．各種工具材料の選択に際しては，靱性と耐摩耗性・硬さの特徴を把握して，被削材や生産性を考慮して適切な工具材料を使用する．

　高温での硬さや耐摩耗性などに優れている**焼結材料**（sintered material）が代表例である．焼結金属・焼結合金を製造する方法を**粉末冶金**（powder metallurgy）という．活用に当たっては，靱性や価格などの不利な点を克服するため，例えば切削用として，スローアウェイ（刃先交換）チップ形状とするなどの工夫がなされている．

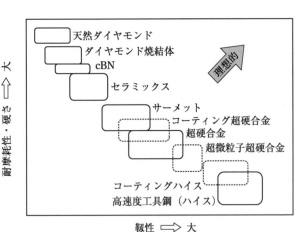

図 12.1　各種工具材料の特徴

12. 2. 1. 超硬合金・サーメット

JIS で規定されている切削用超硬質工具材料のうち超硬質合金を**表 12.4** に示す.**超硬質合金**（hard metal）とは,焼結材料である,超硬合金,サーメット,超微粒子超硬合金,およびこれらに炭化物,窒化物,酸化物などを被覆した合金の総称である.

表 12.4 超硬質合金

材料記号	超硬質合金の分類
HW	金属及び硬質の金属化合物から成り,その硬質相中の主成分が炭化タングステンであるものとする.一般に超硬合金という.
HT	金属及び硬質の金属化合物から成り,その硬質相中の主成分がチタン,タンタル（ニオブ）の,炭化物,炭窒化物及び窒化物であって,炭化タングステンの成分が少ないものとする.一般にサーメットという.
HF	金属及び硬質の金属化合物から成り,その硬質相中の主成分が炭化タングステンであり,硬質相粒の平均粒径が 1μm 以下であるものとする.一般に超微粒子超硬合金という.
HC	上記超硬質合金の表面に炭化物,窒化物,炭窒化物（炭化チタン・窒化チタンなど）,酸化物（酸化アルミニウムなど）などを,1 層又は多層に化学的又は物理的に密着させたものとする.

(JIS B 4053)

超硬合金（cemented carbide）は,硬質な金属化合物の粉末を焼結して作られる材料のうち,金属炭化物の粉末の主成分が WC（炭化タングステン）で,バインダ（結合材）として Co を用いた焼結材料である.超硬合金は,単に**超硬**と呼ばれることもあり,これを刃先等に使用した工具を超硬工具という.基本的な WC-Co 系の特性をさらに改善するために TiC（炭化チタン）や TaC（炭化タンタル）などの高融点で硬質な炭化物を添加した種類の超硬合金もある.

超硬合金は,その組成や被削材の切りくず形状によって JIS において次の 3 種類に分類されている.

K 種：WC-Co 系：靭性に優れるが,高速切削での温度上昇による摩耗が速いので,鋳鉄や非金属材料など非連続形切りくずの出る材料の切削に向い

ている.

　M 種：WC＋TiC＋Co 系：汎用材種とされており K と P の中間的性質を
もつ．主にステンレス鋼などに使用できる.

　P 種：WC＋TiC＋TaC＋Co 系：K 種より高温硬さや耐酸化性を向上させ
耐摩耗性に優れることから，鋼など連続した切りくずが出る材料に適してい
る.

　記号に続く数字（P50 の 50 など）は，大きいほど，Co の含有量が多いた
め靱性があり，小さいほど，硬く耐摩耗性があり切削速度を速くできる.

　なお，硬質相粒の平均粒径が 1μm 以下の超硬合金を超微粒子超硬合金と
いい，通常の粒が大きいものより靱性が優れている.

　サーメット（cermet）は，金属の炭化物や窒化物など硬質な化合物の粉末
の金属を結合材として焼結したものであり，セラミックス（ceramics）と金
属（metal）に由来する名称である．WC を主成分とする超硬に対して，TiC
（炭化チタン）の微粉末を主体とし，WC の成分が少ない焼結材料をサーメ
ットとする．また，結合剤（バインダ）として，Ni, Mo, Co 等が使われて
いる.

　サーメットの特徴は，超硬合金より高温における耐酸化性に優れ，耐摩耗
性が高いため，高速切削用途で工具寿命が長いことである．しかし，TiC
系サーメットは超硬と比較して硬いが靱性が低いため，欠損が生じやすく注
意を払う必要がある．そのため，TiC 系サーメットの靱性を改善するため
に TiN を添加した TiN 系サーメットが主流になりつつある.

12. 2. 2.　コーティング工具

　図 12.1 の点線で示すように，超硬や高速度工具鋼の表面に TiC, TiN や
Al_2O_3（アルミナ）などのセラミックスをコーティングして，耐摩耗性や耐
欠損性を向上させた工具が用いられることも多い．硬質皮膜をコーティング
する方法として，CVD（化学的蒸着法）や PVD（物理的蒸着法）などがある.

12. 2. 3. セラミックス

工具用セラミックス材料は，超硬やサーメットよりもさらに硬いが靱性に
劣るために，刃が欠損しやすいのが欠点である．セラミック工具を材料で分
類すると①アルミナ系，②アルミナ–炭化物系，③窒化ケイ素系などがある．

アルミナ（Al_2O_3）系は，アルミナ粉末に少量のマグネシアやジルコニア
などの添加剤を加えて焼結されたもので，化学安定性が高く優れた耐摩耗性
を有している．白色を呈するため白セラミックとも呼ばれ，比較的に安価な
工具である．これに対して，靱性を改善したアルミナ–炭化物系は，焼結性
がアルミナ系に比べて劣るため，高価となる．その色から黒セラミックとも
呼ばれる．炭化物は一般に TiC であるが，SiC ウイスカ（ひげ状単結晶）を
複合化したものもある．

窒化ケイ素（Si_3N_4）系は，熱膨張係数も小さいために耐熱衝撃性が必要と
される用途に使用される．ただし Si は鋼と反応しやすいため，ある切削条
件で摩耗が大きい場合があり，表面にアルミナを被覆させたものもある．

12. 2. 4. cBN 焼結体

cBN 焼結体（cubic Boron Nitride：立方晶窒化ホウ素）は，ダイヤモン
ド焼結体に次ぐ高い硬さをもち，cBN の結晶を超高圧高温下で焼結した工
具材料である．cBN を砥粒として使ったものが cBN 砥石，焼結体として用
いたものが切削工具として使われている．人工ダイヤモンドより高価である
が，人工ダイヤモンドと相性の悪い鉄鋼系金属の加工などで使われる．

12. 2. 5. ダイヤモンド焼結体

ダイヤモンド焼結体（PCD：Poly Crystalline Diamond）は，人工ダイヤ
モンドの粉末結晶を超高圧高温下で焼結したもので，天然ダイヤモンドに次
ぐ硬さを有し，人工的な工具材料としては最も硬い．ただし，鉄鋼材料とは
切削中に反応するため注意が必要である．難削な非鉄金属材料に適している．

第 **13** 章

鋳鉄・鋳鋼

13.1. 鋳　鉄

　複雑な形状の部材や比較的大型の部材は鋳造によって製造されることが多い．一般に，鋳造用の材料は，溶湯の流動性が良く，融点が低いなどの性質が必要である．**鋳鉄**（cast iron）は鋳造に適した鉄鋼材料であり，図 6.1 に示すように炭素量は 2.14〜6.67%C である．Fe–C 状態図の共晶組成（4.3%C）に近いほど融点が低いため，鋳造に好都合である．鋳鉄は，銑鉄を原料として生産されることから銑鉄鋳物と称することもある．

13.1.1.　鋳鉄の組織と性質

　鋳鉄の組織は，炭素量や溶湯（融液）からの冷却速度などの違いによって異なり，炭素が**黒鉛**（graphite）として現れる場合と，セメンタイト（Fe_3C）として現れる場合がある．一般に，金属の凝固時の冷却速度を遅くするほど，安定した組織（安定相）が現れやすく，鋳鉄では安定相の黒鉛が現れる．炭素の結晶体の一種である黒鉛は，鉛筆の芯でイメージされるように脆い．実際の鋳造において，やや速い冷却速度になると，準安定相の硬いセメンタイトが現れやすくなる．このように，炭素が黒鉛として晶出するかセメンタイトとして晶出するかによって鋳鉄の機械的性質が異なるので，このことは重

要である.

　鋳鉄を学ぶうえで適切な Fe-C 系状態図を**図 13.1** に示す．これは，実線で示される Fe-Fe₃C 系の準安定状態図と，破線で示される Fe-G（黒鉛）系の安定状態図が併記されている複平衡状態図となっている．実際の鋳鉄には，鋼と同様に 5 大元素（C, Si, Mn, P, S）が含まれており，一般的な鋳鉄は 2.4〜4.0%C，0.5〜3.0%Si を含む Fe-C-Si 合金である．ただし便宜的に，Si の組織に与える影響を C 量に換算して，Fe-C 合金として扱うこともできる．この場合には，炭素量の代わりに**炭素当量** $C_E = C + \dfrac{1}{3} Si$〔%〕を用いる．

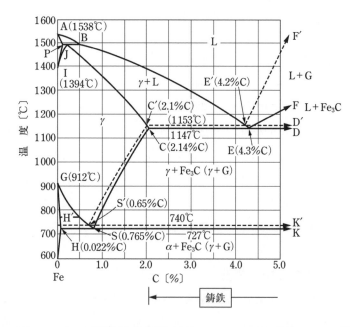

図 13.1　Fe-C 系複平衡状態図（実線：Fe-Fe₃C 系，破線：Fe-G 系）

　鋳鉄の分類法はいくつかあるが，鋳鉄の破面の色に由来する分類では，ねずみ鋳鉄・白鋳鉄・まだら鋳鉄がある．これらは組織が異なり，**図 13.2** に示すように，C, Si 量と冷却速度と肉厚によって決まる．鋳物の肉厚にもよるが，おおむね砂型で凝固する程度の徐冷では黒鉛が現れてねずみ鋳鉄となり，金型などで比較的速く冷却されると白鋳鉄となりやすい．

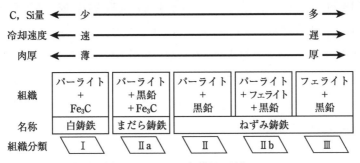

図 13.2　鋳鉄の組織に及ぼす C，Si 量および冷却速度の影響

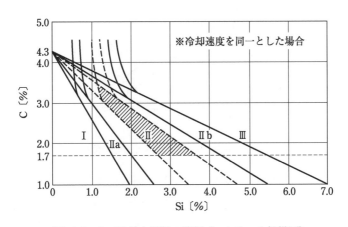

図 13.3　C，Si 量と組織の関係（マウラーの組織図）

　冷却速度を一定として，C 量を縦軸に，Si 量を横軸にとり，それらと組織との関係を整理した図（マウラーの組織図）を図 13.3 に示す．共晶組成の 4.3%C を基点とし，同じ組織を得るには Si 量を増加させることにより炭素量を抑えることができる．図中の，Ⅰ，Ⅱ，Ⅲなどの記号で表される領域で生成する組織は，図 13.2 に記してあるとおり，Ⅰは白鋳鉄，Ⅱはパーライト地のねずみ鋳鉄，Ⅲはフェライト地のねずみ鋳鉄であり，Ⅱaはまだら鋳鉄，Ⅱbはフェライトとパーライト混合地のねずみ鋳鉄である．なかでもパーライトねずみ鋳鉄は，機械構造用鋳物としてバランスのよい性質を示す．そ

の組織を得るためには，図でハッチングを入れた範囲の組成とする必要がある．特に，2.8〜3.2％C，1.5〜2.0％Si付近がよい．

　鋳物の肉厚によって冷却速度が変化し，組織も変化する．C＋Si％量と肉厚とを，それぞれ縦軸・横軸にとって組織図として示したものが**図 13.4** である．この図からパーライトねずみ鋳鉄など，所望の組織を得るための，C＋Si％量と肉厚の範囲がわかる．

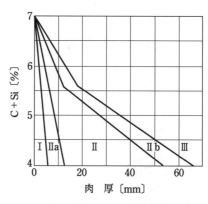

図 13.4　鋳鉄の組成と肉厚と組織の関係

　実用的な鋳鉄の分類例を**図 13.5** に示す．白鋳鉄をもとに熱処理により組織を改良して延性を増した可鍛鋳鉄，ねずみ鋳鉄をもとに，接種（後述）により黒鉛形状を改良した球状黒鉛鋳鉄やCV黒鉛鋳鉄，ならびに合金元素を添加して各種特性を向上させた合金鋳鉄などがある．

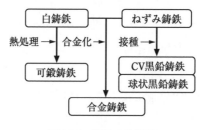

図 13.5　鋳鉄の分類例

13.1.2. ねずみ鋳鉄 (FC)

ねずみ鋳鉄 (gray cast iron) は，**図 13.6** のように組織中に分散する黒鉛の形態が細長く片状であることから<u>片状黒鉛鋳鉄</u>とも呼ばれる．この片状黒鉛の存在によって破面が灰色（ねずみ色）であることが，ねずみ鋳鉄の由来である．また，ねずみ鋳鉄は普通鋳鉄とも呼ばれるが，標準的な鋳鉄であることと特別な合金元素を添加していないためである．ねずみ鋳鉄の組織の基地は，鋼と同様にフェライトとパーライトで構成される．

0.1 mm

図 13.6 ねずみ鋳鉄の組織

ねずみ鋳鉄品 (gray iron castings) の JIS 材料記号は FC であり，**表 13.1** のように FC100～FC350 の 6 種がある．例えば FC200 は 200 MPa の引張強さを保証したねずみ鋳鉄である．組成についての規定はなく，引張強さと硬さのみ規定されている．ねずみ鋳鉄の片状黒鉛は細長く尖っており応力集中しやすく破壊の起点となるため，引張強さは低めである．また，圧縮応力

表 13.1 ねずみ鋳鉄品の機械的性質

種類の記号	引張強さ〔MPa〕	硬さ〔HB〕
FC100	100 以上	201 以下
FC150	150 以上	212 以下
FC200	200 以上	223 以下
FC250	250 以上	241 以下
FC300	300 以上	262 以下
FC350	350 以上	277 以下

（JIS G 5501）

よりも引張応力に弱いので留意しなければならない．鋳物の強度は，黒鉛の形状や大きさ，分布状態によって変化し，小さく均一に分布しているほど強度は高い．鋳物の強度を上げるには，炭素当量 C_E（C, Si 量）が少なく，および凝固時の冷却速度を速くすることが効果的である．なお，鋳物は冷却とともに収縮するのが一般的であるが，黒鉛は生成時に膨張するので，冷却による収縮を補って，鋳物の寸法精度を保つ役割をもっている．

ねずみ鋳鉄は，振動を吸収する能力つまり減衰能が優れている．また，黒鉛が潤滑剤的な役割をもち，熱伝導が良く摩擦熱を逃がしやすいため，耐摩耗性が良いという長所を生かして，軸受，歯車，ブレーキシューなど耐摩耗部品としても使われる．また片状黒鉛の存在により，切削における切りくず分断性が非常によく，被削性に優れている．

白鋳鉄：炭素当量 C_E（C, Si 量）が少ない，または凝固時の冷却速度が大きいなどの場合には，炭素は黒鉛としてではなくセメンタイトとして晶出し，共晶温度の約 1 147℃付近でオーステナイトとセメンタイトの共晶組織となる．この組織をレデブライト（ledeburite）という．さらに温度低下し 727℃の共析温度付近で，レデブライト中のオーステナイトはパーライトに変態して，室温ではパーライト＋セメンタイトの組織となる．この鋳物の破面は白色を呈するので白鋳鉄と呼ばれる．白鋳鉄は硬くて耐摩耗性が良いが，脆いために用途が限定される．そのため，熱処理により可鍛鋳鉄とすることが有効である．

まだら鋳鉄は，ねずみ鋳鉄と白鋳鉄の中間の組織をもち，パーライト＋黒鉛＋セメンタイトである．

13.1.3.　可鍛鋳鉄（FCMW, FCMB, FCMP）

可鍛鋳鉄（malleable cast iron）は，炭素がセメンタイトとして存在する白鋳鉄鋳物に，熱処理を施して延性・靱性を向上させたものである．可鍛鋳鉄は，熱処理方法の違いに由来する組織の違いで次の 3 つに分類される．白心可鍛鋳鉄（whiteheart malleable cast iron）は，酸化鉄とともに加熱す

ることにより脱炭させ低炭素の組成とすることで軟化させたものである. 脱炭のため肉厚方向で組織が変化する. 黒心可鍛鋳鉄（blackheart malleable cast iron）は, 二段階の熱処理で, まずセメンタイトを分解させて黒鉛を形成し, 次にフェライト基地としたものであり, 可鍛鋳鉄のなかでは最も生産量が多い. パーライト可鍛鋳鉄（pearlitic malleable cast iron）は, 第二段の熱処理時間を短縮するなどしてパーライト基地としたものであり, 強度が高い. 可鍛鋳鉄品（Malleable iron castings）の JIS 材料記号は, それぞれ FCMW（Ferrum, Casting, Malleable, White）, FCMB（Ferrum, Casting, Malleable, Black）, FCMP（Ferrum, Casting, Malleable, Pearlite）である. JIS では鋳物の大きさに応じて機械的性質が規定されている. これら可鍛鋳鉄は, 熱処理に時間がかかるため生産性が低くコスト的に不利なことから, 後述する球状黒鉛鋳鉄に代替される傾向にある.

13.1.4. 球状黒鉛鋳鉄（FCD）

　球状黒鉛鋳鉄（spheroidal graphite cast iron）は, 組織中の黒鉛を**図 13.7**のように球状化させたもので, 片状黒鉛鋳鉄（ねずみ鋳鉄）よりも伸びが大きく延性に優れるので**ダクタイル鋳鉄**（ductile iron）とも呼ばれる. 球状黒鉛鋳鉄品の JIS 材料記号は FCD（Ferrum, Casting, Ductile）である. 鋼に匹敵する強度をもち, 靭性に優れていることから, 自動車のエンジン部品や水道用鋳鉄管（JIS：ダクタイル鋳鉄管）などに使われる.

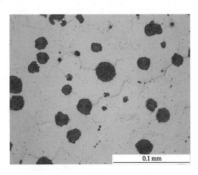

0.1 mm

図 13.7　球状黒鉛鋳鉄の組織（フェライト基地の場合）

　組織中の黒鉛の形状が球状に近いほど応力集中が低減し，鋳物の脆弱性を克服する．黒鉛を球状化させるために，鋳込み直前の溶湯に，Mg などの球状化元素を添加する．この手法を接種といい，黒鉛が鋳放しのままで球状となる．球状黒鉛鋳鉄は，**表 13.2** に示すように 350〜800 MPa 以上，伸びが 2〜30％と優れた強靱性をもつ．例えば FCD350-22 は，引張強さ 350 MPa 以上で，かつ 22％以上の伸びを達成している．ただし，球状黒鉛鋳鉄は，

表 13.2　球状黒鉛鋳鉄の種類および機械的性質

種類の記号	引張強さ〔MPa〕	0.2%耐力〔MPa〕	伸び〔%〕	シャルピー吸収エネルギー			参考	
				試験温度〔℃〕	3個の平均〔J〕	個々の値〔J〕	硬さ〔HB〕	主要基地組織
FCD350-22	350以上	220以上	22以上	23±5	17以上	14以上	150以下	フェライト
FCD350-22L	350以上	220以上	22以上	−40±2	12以上	9以上	150以下	フェライト
FCD400-18	400以上	250以上	18以上	23±5	14以上	11以上	130〜180	フェライト
FCD400-18L	400以上	250以上	18以上	−20±2	12以上	9以上	130〜180	フェライト
FCD400-15	400以上	250以上	15以上	—	—	—	130〜180	フェライト
FCD450-10	450以上	280以上	10以上	—	—	—	140〜210	フェライト
FCD500-7	500以上	320以上	7以上	—	—	—	150〜230	フェライト＋パーライト
FCD600-3	600以上	370以上	3以上	—	—	—	170〜270	パーライト＋フェライト
FCD700-2	700以上	420以上	2以上	—	—	—	180〜300	パーライト
FCD800-2	800以上	480以上	2以上	—	—	—	200〜330	パーライトまたは焼戻しマルテンサイト

（JIS G 5502）

ねずみ鋳鉄の長所である振動減衰能が低下する．黒鉛以外の基地組織によっても，機械的性質は変化し，基地がフェライトの場合は伸びが高く，パーライトの場合には引張強さが高い．高強度化には，パーライト安定化元素であるMn, Cu, Snなどの添加が一般的である．

球状黒鉛鋳鉄をさらに強靱化するために，オーステンパ処理を施した，**オーステンパ球状黒鉛鋳鉄**（ADI：austempered ductile iron）が開発された．JISのオーステンパ球状黒鉛鋳鉄品（austempered spheroidal graphite iron castings）のJIS材料記号はFCAD（Ferrum，Casting，Austempered，Ductile）である．**表13.3**に示すように，ふつうの球状黒鉛鋳鉄の約2倍の引張強さを有するため，自動車部品など，使用量が増えている．

表13.3 オーステンパ球状黒鉛鋳鉄鋳物の機械的性質

種類の記号	引張強さ〔MPa〕	耐力〔MPa〕	伸び〔%〕	硬さ〔HB〕
FCAD900-4	900 以上	600 以上	4 以上	—
FCAD900-8	900 以上	600 以上	8 以上	—
FCAD1000-5	1 000 以上	700 以上	5 以上	—
FCAD1200-2	1 200 以上	900 以上	2 以上	341 以上
FCAD1400-1	1 400 以上	1 100 以上	1 以上	401 以上

（JIS G 5503）

このような，ねずみ鋳鉄より優れた機械的性質を有するオーステンパ球状黒鉛鋳鉄と代表的な鋳鉄の引張強さと伸びについて**図13.8**に示す．オーステンパ球状黒鉛鋳鉄が高強度であることがわかる．

13.1.5. CV黒鉛鋳鉄

CV黒鉛鋳鉄（Compacted Vermicular graphite cast iron）は，黒鉛形状が片状と球状の中間的な芋虫状であり，鋳物の特性もねずみ鋳鉄（FC）と球状黒鉛鋳鉄（FCD）の中間的である．CV黒鉛鋳鉄は，ねずみ鋳鉄と同等の鋳造性，熱伝導性および減衰能をもち，さらに球状黒鉛鋳鉄に近い強度と

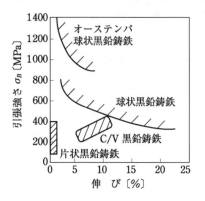

図13.8　各種鋳鉄の引張強さと伸び

を合わせもつ．そのため，エンジンのシリンダブロックなどに適している．
機械的性質は，図13.8に示したように球状黒鉛鋳鉄よりは控えめであるが，
引張強さはフェライト基地の場合は300 MPa以上，パーライト基地の場合
は400 MPa以上で，他の性質とのバランスが良い．

13. 1. 6.　合金鋳鉄

　鋼における合金鋼のように，鋳鉄の機械的特性，耐食性，耐熱性，耐摩耗
性等の特性改善のため，種々の合金元素が加えられた鋳鉄を**合金鋳鉄**
（alloy cast iron）という．

　合金鋳鉄としては，**表13.4**に示す，Cr鋳鉄，Cr-Cu鋳鉄，Ni-Cr鋳鉄な
どがあり，それぞれ，機械的性質のほか耐熱性・耐摩耗性・耐食性などを改
善している．

　高Cr鋳鉄は，7%Cr以上含むFe-Cr-C系白鋳鉄であり，組織中に炭化
物が多量に存在する．Cr量がステンレス鋼に近いこともあり，耐摩耗性，
耐熱性，耐食性に優れている．このため，高Cr鋳鉄は，土木機械部品，破
砕機械部品，製鉄機械部品などに多用されている．

　マルテンサイト鋳鉄は，約4〜8%のNi添加により素地組織がマルテンサ
イトあるいはベイナイトとなり耐摩耗性に優れるものである．表13.4のニ
ハード鋳鉄は約4.5%のNiを含み，この代表例である．

表13.4　合金鋳鉄の例

名称	化学組成〔%〕							主要用途
	C	Si	Mn	Ni	Cr	Mo	Cu	
Cr 鋳鉄	3.20	1.85	0.70	—	1.10	—	—	機械用
Cr-Cu 鋳鉄	3.20	1.50	0.80	—	0.45	—	0.80	〃
Ni-Cr 鋳鉄	2.86	2.65	0.60	1.25	0.25	—	—	〃
ニハード鋳鉄	2.7〜3.5	0.4〜1.0	0.4〜0.6	4.2〜4.7	1.4〜2.5	—	—	耐摩耗
アシキュラ鋳鉄	2.3〜3.1	1.6〜2.6	0.6〜0.9	0.5〜4.5	<0.3	0.7〜1.0	<1.5	機械用高力
高 Cr 鋳鉄	1.5〜3.0	1.0〜2.0	0.3〜0.8	—	22〜35	—	—	耐熱, 耐摩耗, 耐食
ニレジスト鋳鉄	2.8〜3.0	1.5〜2.0	1.0〜1.1	14〜16	2.0	—	5.5〜6.5	耐食, 耐熱
ニクロシラル鋳鉄	2.0	5〜6	<1.0	18〜22	2〜5	—	—	耐熱, 耐食

　オーステナイト鋳鉄（Austenitic iron castings）は，オーステナイト化安定元素の Ni を約 12%以上含有し，室温での基地組織をオーステナイトとしたもので，延性や靱性等に優れる．炭素は，片状黒鉛または球状黒鉛で存在する．JIS 規格化され，片状黒鉛系の材料記号は FCA，球状黒鉛系の材料記号は FCDA である．例えば，FCDA-NiMn13-7 は，球状黒鉛系オーステナイト鋳鉄で約 13%Ni, 7%Mn を含有するものである．表 13.4 のニレジスト鋳鉄は，Ni-Cu-Cr 系オーステナイト鋳鉄であり，FCA-NiCuCr15-6-2 である．耐熱性，耐酸化性，耐食性等に優れており，ポンプ，バルブ，コンプレッサから，ターボチャージャーハウジング，エキゾーストマニホールドまでさまざまな用途がある．

13.2. 鋳鋼・鍛鋼

　鋳鉄（銑鉄鋳物）より強靱性に優れた製品を作るために**鋳鋼**（cast steel）

や**鍛鋼**（forged steel）が使われている．ただし，Fe-C 系状態図からわかるように，鋳鉄と比較すると，低炭素で融点が高いため扱いにくく，体積収縮率が大きく巣が入りやすい傾向があり，鋳造性に難がある．鋳鋼品（steel castings）は，鋳造組織を均質化・微細化するなどして機械的性質を改善するため，焼なまし，焼ならし，焼戻しなどの熱処理を行うのが一般的である．主な用途は，船舶用や産業機械用の各種ケーシング，自動車エンジンのクランクケース，クランクシャフト，マニホールドなどがある．

鋳鋼は炭素鋼と同様に，普通鋼鋳鋼品と特殊鋼鋳鋼品に大別できる．JIS では，普通鋼鋳鋼品として，炭素鋼鋳鋼品と溶接構造用鋳鋼品があり，特殊鋼鋳鋼品として，低合金鋼鋳鋼品，高マンガン鋼鋳鋼品，ステンレス鋼鋳鋼品などがある．

炭素鋼鋳鋼品（carbon steel castings）の JIS 材料記号は SC（Steel, Casting）である．**表 13.5** に示す JIS 規格のとおり 3 桁の数字は引張強さを表している．鋳鋼品は，溶接などにより補修も可能である．

表 13.5　炭素鋼鋳鋼品の機械的性質

種類の記号	機械的性質				適用
	降伏点〔MPa〕	引張強さ〔MPa〕	伸び〔%〕	絞り〔%〕	
SC360	175 以上	360 以上	23 以上	35 以上	一般構造用 電動機部品用
SC410	205 以上	410 以上	21 以上	35 以上	一般構造用
SC450	225 以上	450 以上	19 以上	30 以上	一般構造用
SC480	245 以上	480 以上	17 以上	25 以上	一般構造用

（JIS G 5101）

溶接構造用鋳鋼品（steel castings for welded structure）は，溶接性を保証した炭素鋼鋳鋼品であり，JIS 材料記号は SCW（Steel, Casting, Welding），続く数値は引張強さで SCW410～SCW620 がある．溶接性を保証するために，炭素当量など化学成分の上限を定めている．（JIS G 5102）

低合金鋼鋳鋼品（low alloy steel castings）の JIS 規格は構造用高張力炭

素鋼および低合金鋼鋳鋼品で，材料記号は SC のあとに主要元素を表記する．例えば，SCMn1 は，低マンガン鋳鋼品 1 種である．ハイテンと同様に比較的高い強度であり，目的に応じて熱処理を施して使用される．（JIS G 5111）

　高マンガン鋼鋳鋼品（high manganese steel castings）は，耐摩耗性と靱性を必要とするような用途に向いている．Mn の含有量が 11～14%Mn と高く，JIS の材料記号は SCMnH で，5 種類が規定されている．適切な水焼入れすると均一なオーステナイト組織となり靱性が増すが，引張強さに対して降伏点が低く加工硬化が顕著で，ひずみ速度感受性も高いため伸びが大きい．そのため，切削加工が困難なので，必要であれば研削盤で仕上げる．また，大きな力を受ける摩耗条件下では摩耗表面層はつねに加工硬化を受け，優れた耐摩耗性を発揮する．したがって，例えば鉄道レールの分岐，鉱石を粉砕するクラッシャーの歯などに用いられる．（JIS G 5131）

　ステンレス鋼鋳鋼品（corrosion-resistant cast steels）は，耐食性を必要とするような用途に向いている．Cr や Ni を多く含み，JIS の材料記号は SCS で，23 種類が規定されている．なかでも 18-8 オーステナイト系ステンレスが広く使用されている．（JIS G 5121）

　耐熱鋼及び耐熱合金鋳造品（heat resistant cast steels and alloys）は，耐熱性を必要とするような用途に向いている．JIS の材料記号は SCH で，JSO との整合性をとり，多くの種類が規定されている．ステンレス鋼・耐熱鋼と同様の Cr や Ni を含み，それらが増すほど高温強度が改善する．例えば高温強度と耐酸化性に優れているオーステナイト系の 25%Cr-12%Ni 鋼がよく使われている．（JIS G 5122）

　炭素鋼鍛鋼品（steel forgings）（SF）は，鋼塊から製品になるまで一貫鍛造または圧延と鍛造で成形した品物である．なお，機械構造用炭素鋼（S–C）などを鍛造成形したものは鍛造品であって，鍛鋼品とは区別される．（JIS G 3201）

第 14 章

非鉄金属材料

　鉄鋼材料以外の金属材料を非鉄金属材料という．また，**表 14.1** に示すように，密度が $4.5\,\mathrm{Mg/m^3}$ 以下の構造用金属材料を軽金属材料といい，アルミニウム，マグネシウム，チタンが該当する．これらは近年，自動車や電子機器などの高付加価値な構造物の軽量化が進展するなかで需要が伸びており，鉄鋼材料からの置換はもとより，プラスチックとも競合しうる素材である．

表 14.1　主な実用金属の密度〔$\mathrm{Mg/m^3}$〕

Au	Ag	Cu	Ni	Fe	Sn	Cr	Zn	Ti	Al	Mg
19.32	10.45	8.96	8.90	7.87	7.30	7.19	7.13	4.54	2.70	1.74

軽金属

14. 1.　アルミニウムおよびアルミニウム合金

　アルミニウム（Al：英 aluminium，米 aluminum）が生産され始めたのが 1886 年で，実用材料として利用されてわずか 100 年余りであり，金属材料としては歴史が浅い．それにもかかわらず，密度が $2.7\,\mathrm{Mg/m^3}$ で鉄鋼材料の約 1/3 と軽量なため，用途が拡大しており，航空機用材料，建築材料（サッシ，ビルのカーテンウォール等），導電材料（アルミ送電線），自動車

のラジエータコア，PC の CPU ヒートシンクなど多方面に用いられている．

　アルミニウムのクラーク数は元素として大きいほうから 3 番目で，地殻を構成する金属元素の中では最も多い．まず，原鉱石であるボーキサイトからアルミナを製造し，これを電解精錬してアルミニウムを製造する．これを次の精製プロセスにおいて，Fe や Si などの不純物元素を除去し，純度を向上させる．アルミニウムを電気分解により新地金を製造するときには多くの電力を消費するが，製品から回収するリサイクルによって，新地金を製造するときの約 3%のエネルギでアルミ再生地金を得ることができる．また，アルミ缶のリサイクル率は非常に高く 90%以上に達しており，環境負荷の少ない社会循環が確立している．

　アルミニウムの代表的な物理的性質を表 14.2 に示す．電気や熱伝導性が，銅に次いで良いのも大きな特徴である．また，融点は 660℃と比較的低く，熱膨張係数は鋼の約 2 倍ある．アルミニウムは本来，銀色の光沢があるが，空気中で酸化して緻密な皮膜を作ると光沢のない白みがかった色となる．この酸化皮膜は，ぼろぼろと落ちる鉄鋼の赤さびと異なり，安定しているためむしろ保護膜となる働きがあり，空気・水・アンモニアなどに対して耐食性がよい．しかし，塩類・硫酸・アルカリ性水溶液・海水などには腐食されやすい．耐食性を改善するための陽極酸化処理（アルマイト処理）は，アルミ

表 14.2　アルミニウムの代表的な物理的性質

性　質	測定温度〔K〕	アルミニウム
結晶構造		面心立方晶（fcc）
格子定数	293	$a=0.40496$〔nm〕
融　点		933.25〔K〕
密　度	273〜373	2.6985〔Mg/m³〕
比　熱	273〜373	917〔J/(kg·K)〕
熱膨張率	273〜373	$24.6×10^{-6}$〔K⁻¹〕
熱伝導率	293	238〔W/(m·K)〕
電気抵抗率	293	26.9〔nΩ·m〕
縦弾性係数	293	70.6〔GPa〕

ニウムを硫酸あるいはシュウ酸溶液中で陽極酸化させて，人工的に厚い酸化皮膜を作る方法で，色づけもできる．

アルミニウム合金は，純アルミニウムより耐食性と電気および熱の伝導率が悪化する．アルミニウムの耐食性を低下させる元素として，Cu，Ag，Ni，Fe などがある．一方，低下させない元素として，Mg，Mn があり，これらを主要添加元素とした合金は耐食アルミニウム合金である．

アルミニウム合金は，延性に富み，塑性加工性がよいという特長をもつため，圧延，押出し等による展伸材も多い．また，融点が低いため，金型を用いたダイカスト法による鋳造が容易で，寸法精度のよい鋳造品の製造が可能という特徴をもつ．このように，アルミニウム合金は，展伸用アルミニウム合金と鋳造用アルミニウム合金に大別される．また，さらにそれぞれにおいて熱処理型と非熱処理型に分類される．

アルミニウム合金は，同一の組成の合金でも，冷間加工，熱処理などによって，強度，成形性その他の性質を調整することができる．このような操作によって所定の性質を得ることを**調質**（refining）といい，調質の種類を**質別**（temper designation）という．アルミニウム合金の性質は質別によって著しく異なるので材料の使用目的や加工方法などにより適したものを選ぶことが重要である．

14.1.1. 展伸用アルミニウム合金

展伸用アルミニウム合金は，**図 14.1** に示すように，熱処理型と非熱処理型に大別され，おおむね非熱処理型は耐食性に優れ，熱処理型は強度が高い合金である．**図 14.2** に各系合金の引張強さと伸びの関係を示す．非熱処理型の 1000，3000 系は比較的強度が低く，熱処理型の 2000 系などは高強度である．また，5000，6000 系は強さと伸びのバランスが良く，加工性や耐食性なども比較的良いため，使用量の多い合金系である．7000 系では引張強さが約 600 MPa に達して軟鋼に匹敵するものがあり，しかも密度が小さいので比強度（引張強さ/密度）はきわめて高い．なお，アルミニウム合金の弾性

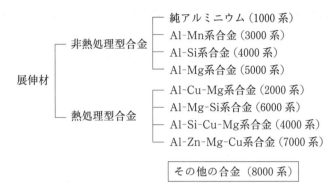

図 14.1　展伸用アルミニウム合金の分類

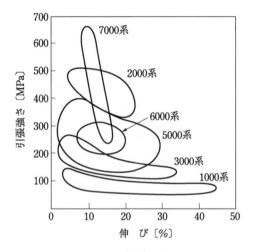

図 14.2　展伸用アルミニウム合金の引張強さと伸び

係数は約 70 GPa で鋼の 1/3 に過ぎないので構造物として剛性が問題になる場合には配慮が必要である．**図 14.3** に展伸用アルミニウム合金の JIS 材料記号の一例を示す．先頭の A は日本独自の接頭記号でアルミニウムまたはアルミニウム合金を示す．続く 4 桁の数字は AA（アメリカアルミニウム協会）番号に由来する合金番号で，先頭は主な添加元素によって分けられる合金系を示し，次に改良番号，最後の 2 桁は合金の種類を示す．数字の次は，板・条・棒・線・管・鍛造品・箔などを表す形状記号であり，これは**表 14.3**

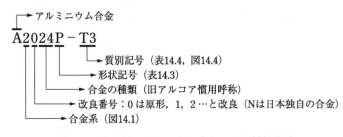

図14.3 展伸用アルミニウム合金の JIS 材料記号

表14.3 形状記号

形状記号	形 状	備 考
P	板, 条, 円板	Plate
PC	合せ板	Plate (Clad)
H	はく	Haku
BE	棒 (押出)	Bar (Extruded)
BD	棒 (引出)	Bar (Drawn)
W	線	Wire
TE	管 (押出)	Tube (Extruded)
TD	管 (引抜)	Tube (Drawn)
TW	管 (溶接)	Tube (Welded)
S	形材	Shape
FD	鍛造品 (形打)	Forging (Die)
FH	鍛造品 (自由)	Forging (Hand)
PB	導体 (圧延板)	(Plate) Bus conductor
SB	導体 (押出板)	(Shape) Bus conductor
TB	導体 (管)	(Tube) Bus conductor

に示す意味がある．ハイフンの後は，表14.4 の質別記号である．展伸用アルミニウム合金の調質は，非熱処理型は加工硬化（H）が一般的で，熱処理型は時効熱処理（T）（詳しくは後述する）が一般的である．このことは，図14.4 に示す調質のフローチャートでも確認できる．加工硬化の度合いは表14.4 に示すように，Hxn の n の部分の数値で表し，8 の場合は冷間加工率が高く，硬質であり，4 の場合は引張強さが硬質材と焼なまし材との中間（1

表14.4　アルミニウム合金の JIS 質別記号（抜粋）

記　号			定義・意味
F	−	−	製造のままのもの
O	−	−	最も柔らかい状態に焼なましたもの
H	H1		加工硬化だけのもの
	H2		加工硬化後軟化熱処理したもの
	H3		加工硬化後安定化処理したもの（Mg を含む合金のみ）
		Hx8	O 質別の引張強さを基準として計算し，硬質であるとしたもの（例：H18）
		Hx4	引張強さが O と Hx8 の中間のもの（例：H24）
T	T3		溶体化処理後，冷間加工を行い，さらに自然時効したもの
	T4		溶体化処理後，自然時効したもの
	T5		高温加工から冷却後，人工時効したもの
	T6		溶体化処理後，人工時効したもの
	T7		溶体化処理後，安定化処理したもの

（JIS H 0001）

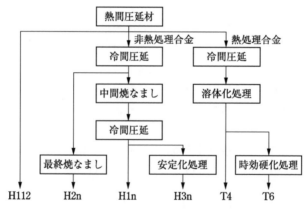

図14.4　展伸用アルミニウム合金の調質フローチャート

/2 硬質）である．このことを，**図14.5** の応力-ひずみ線図の例でみると，O 材と比較して H18 材は約 2 倍の引張強さをもつが伸びが小さく，H14 材の引張強さと伸びはそれらの中間であることがわかる．

　表14.5 に代表的な展伸用アルミニウム合金の組成，特性と代表的用途を

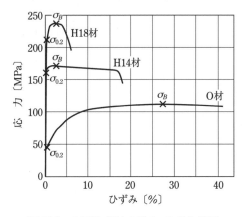

図 14.5 A3003 板材の応力-ひずみ線図

示す.

14.1.1.1. 非熱処理型展伸用アルミニウム合金

　工業用純アルミニウム（1000系）は，純度99％以上のAlである．材料記号の意味は他の合金とやや異なり，下2桁は純度を小数点以下2桁で表しており，例えば1050は，99.50％以上の純度である．第2桁（100番台）の数字は，純アルミニウムの場合に限り，0は不純物について特別の規制のないことを示し，1〜9は1種類またはそれ以上の不純物について特別の規制があることを示す．純アルミニウムは，溶接が可能で，塑性加工による仕上げ表面がきれいで，純度の高いものほど耐食性が非常によい．また，一般に純金属は合金より柔らかく加工しやすいので，純アルミニウムもその特徴を有し，冷間加工により加工硬化する．なかでも価格の安いA1100が建築用としての用途などにより最も多く用いられる．

　3000系のAl-Mn系合金は，純アルミの加工性，耐食性を低下させることなく，Mnの固溶により強度を若干増加させたものである．代表的な合金としては3003があり，それをさらに強化した3004，3104，3005，3105などがある．本系合金は，一般にはそれほど出回っていないものの，アルミ缶のボディ部分や屋根材，サイディング，パネル等の建築材，電球口金などに使わ

表14.5　代表的な展伸用アルミニウム合金

[%]

種類	Cu	Mg	Mn	Si	その他	合金特性	代表的用途
1050	Al純度 99.50以上					強度は低いが、熱や電気の伝導性は高く、成形性や溶接性、耐食性も良好。	反射板、照明器具、装飾品、化学工業用タンク、導電材など
1100	Al純度 99.0以上					強度は比較的低いが、成形性、溶接性、耐食性は良好。	一般用器物、建築用材、電気器具、各種容器、その他強度を要求されない成形品など
2017	3.5-4.5	0.2-0.8	0.40-1.0			強度が高く、切削性も良好、耐食性は劣る。	光学機械部品、機械ねじ製品、各種構造材部品など
2024	3.8-4.9	1.2-1.8	0.30-0.9			2017より強度が高く、切削性も良好。加工硬化後の人工時効性大。しかも耐応力腐食性も良好。	航空機外板、建造材部品、鍛造材など
3003 3203			1.0-1.5			強度は1100よりやや大きく、溶接性、耐食性は1100と同程度。	一般用器物、建築用材、車両用材、船舶用材、各種容器など
3004		0.8-1.3	1.0-1.5	0.3		3003より強度が高く、深絞り性に優れ、耐食性は良好。	食料缶、電球口金、屋根板、カラーアルミなど
5005		0.5-1.1				3003と同程度の強度をもち、耐食性、溶接性、加工性は良好。	車両の内装などの低応力部品の構造体、調理器具、一般用器物など
5052		2.2-2.8			0.15-0.35Cr	耐食性特に耐海水性に優れ、成形性、溶接性は良好。	船舶用構造部材、燃料タンク、一般用器具など
5056		4.5~5.6				耐食性に優れ、切削加工による表面仕上げと陽極酸化処理後とその染色性が良い。	丸棒が多い、カメラ鏡胴、通信機器部品、ファスナー
5082		4.5-5.0		0.2	0.15Cr 0.25Zn	5083に近い強度をもち、成型加工性、耐食性がよい。	缶エンド材など
5083		4.0-4.9	0.30-1.0		0.05-0.25Cr	非熱処理合金中最高の強度をもち、溶接性はやや劣るが、耐食性、溶接性良好。	船舶用材、車両用材、圧力容器、溶接構造用材など
5N01		0.2-0.6				化学または電解研磨して光輝性がある。成形性、耐食性、溶接性良好。	高級器物、装飾品、反射板など
6061	0.15-0.40	0.8-1.2		0.40-0.8	0.04-0.35Cr	耐食性、溶接性がよく中程度の強度をもつ。冷間加工は熱処理合金としては良好。	車両・船舶など輸送構造材、光学機器など
6063		0.45-0.9		0.2-0.6		陽極酸化性は著しく良好、押出加工性は優秀。	押出形材として建築用サッシ、ドアやその他室内外装用材など
7003		0.5-1.0		0.3	5.0-6.5Zn	溶接構造用押出合金で、7N01より強度は若干低いが押出性良好。	車両、オートバイムなど
7075	1.2-2.0	2.1-2.9			5.1-6.1Zn	2024よりさらに高い強度を有し、現行アルミニウム合金最高の強度を有す。	航空機用材、スポーツ用材など
7N01		1.0-2.2	0.20-0.9		3.8-5.0Zn	溶接性、耐食性、成形性が比較的よく、常温で時効性がある。	車両用材、構造材用材など

（JIS H 4000 抜粋）

※組成の空欄は、一般に上限の規定がある。

れている.

　5000 系の Al-Mg 系合金は，耐食性（特に耐海水性）・溶接性が良いのが特徴で，耐食アルミニウム合金の一種である．アルミニウム合金として中程度の強度を示し，耐食性等とのバランスが良く，最も多方面に使われており，5052，5056，5083 などが広く一般に流通している．Mg 含有量がやや高い 5083 は非熱処理型アルミニウム合金として最も高強度な合金である．なお，本合金系の加工硬化材は経時変化により軟化するので，安定化処理（質別：H3）を施している.

　4000 系の Al-Si 系合金は，耐摩耗性が良く，熱膨張率が低めである．代表的な合金としては，12%Si を含む 4032 があり，これは線膨張係数が他のアルミ合金の約 80% 程度であり，耐熱性にも優れるため，鍛造されてピストンなどで使われる.

14. 1. 1. 2.　熱処理型展伸用アルミニウム合金

　熱処理型合金は，一般に時効熱処理によって強度を高めており，鋼に匹敵する強度をもつものは高力アルミニウム合金とも呼ばれる.

　2000 系の Al-Cu 系は，時効硬化により鋼材に匹敵する強度が得られるものが多い．ただし，高強度のものほど耐食性が劣る傾向にある．有名な合金として，2017（ジュラルミン，Al-Cu-Mg 系），2024（超ジュラルミン）などがあり，これらは炭素鋼と同等以上の引張強さを有するため，航空機ボディ用素材としても用いられている．また，さらに 7000 系の 7075（超々ジュラルミン，Al-Zn-Mg-Cu 系）は，アルミニウム合金中最も高強度な合金のひとつである.

　6000 系の Al-Mg-Si 系は，2000 系と同様に時効硬化を利用するが，中強度の合金である．Mg_2Si の析出過程において時効硬化する．耐食性・表面処理性が比較的良い．押出成形品の多くはこの合金系で，自動車部品用材料を初めとして，用途は非常に広い．Mg，Si の量を若干多くしてさらに少量の Cu を添加して強度を高めた 6061 は，板と丸棒の入手が容易である．6063

は代表的な押出用合金であり，Mg，Si の量が比較的少ないため成形しやすく，また表面処理性も良いことから，角棒，アングル，パイプなどの形状や，アルミサッシにも多用されている．

14.1.1.3.　アルミニウム合金の時効硬化

　高力アルミニウム合金の 2000 系などでは，**時効硬化**（age hardening）を利用して鋼材に匹敵する強度が得られる．ここでは最も代表的な時効硬化合金である 2017（ジュラルミン）を，便宜的に Al-4%Cu 二元合金とみなして，**図 14.6** の Al-Cu 系状態図にて時効硬化現象を考えてみる．

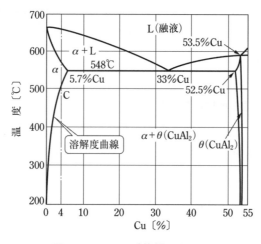

図 14.6　Al-Cu 系状態図（Al 側）

　Al-4%Cu 合金は，常温において α 固溶体（Al 格子中に Cu が固溶した固溶体）と金属間化合物の θ(CuAl₂) から成る組織である．これを加熱すると，α 固溶体中の Cu の溶解度（その温度における α 領域の横幅）が溶解度曲線に沿って増加するため，θ(CuAl₂) の Cu 原子が α 固溶体中に移動（拡散）する．溶解度曲線と交差する温度 C 点まで昇温するとすべての Cu 原子が α 固溶体中に固溶し，θ(CuAl₂) が消滅する．実際には確実に単相の α 固溶体とするため，C 点の約 500℃ より高い温度に加熱するのが一般的である．そして，その温度で適切な時間保持したのち，室温へ急冷（水冷等）する．急

冷のため $\theta(CuAl_2)$ が析出する時間的余裕がないので常温にもかかわらず α 固溶体のままとなる. このように, その温度での溶解度を超える量の溶質原子を固溶している状態を**過飽和固溶体** (SSSS：Super Saturated Solid Solution) という. このように, 加熱により均一な固溶体にして, それを急冷することで過飽和固溶体を得る操作を**溶体化処理** (solution treatment) または**溶体化熱処理** (solution heat treatment) という.

時効は急冷したときから始まり, 図 14.7 のように時間の経過とともに硬化する. 溶体化処理で得られた過飽和 α を, 室温よりやや高い温度に加熱保

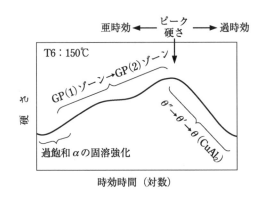

図 14.7 Al-4%Cu 合金の時効による硬さ変化

持すると, 過飽和 α 中の過剰な Cu 原子は時間をかけて, 安定相である $\theta(CuAl_2)$ を析出して平衡状態に移行しようとする. この過程で転位の移動を妨げる微細構造が生成し, 著しく硬化する. Al-Cu 合金の場合, 図 14.8 のようなアルミニウム母相の結晶格子に整合な配列をもつ板状の溶質原子の集合体 **GP ゾーン** (Guinier-Preston zone) が生成し, これが最も硬化に寄与する. 図のように GP ゾーンには構造の異なる段階があり, 初期の GP (1) ゾーンは α 母格子に Cu 原子 100%の 1 層として集合して周囲に格子ひずみが存在する状態であり, その次の段階の GP (2) ゾーンは Cu 原子の層が間隔をおいて複数枚積層して厚さを増した構造で, さらに大きな格子ひずみが存在する状態である. ここで, 硬さはピークに達する. GP (2) ゾーン

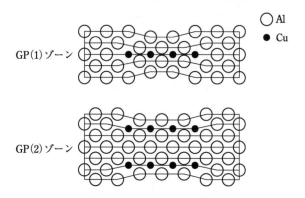

図14.8　Al-4%Cu 合金の GP ゾーンの原子配列の模式図

は立体的に配列をもつという観点から，安定相 θ の前々段階の θ'' と同じか類似している相である．

　さらに時間が経過して母相と半整合な準安定 θ' 相を経て，非整合な $\theta(CuAl_2)$ を析出するとそのサイズの成長を伴いながら硬さが低下する．この軟化する段階を**過時効**（over aging）という．

　以上の時効過程をまとめると以下のようになる．

$$過飽和固溶体（\alpha\text{-SSSS}）\rightarrow \text{GP}（1）\text{ゾーン} \rightarrow \text{GP}（2）\text{ゾーン}（\fallingdotseq \theta''）$$
$$\rightarrow \theta' \rightarrow \theta(CuAl_2)$$

　このように時効硬化は，現象的には**析出硬化**（precipitation hardening）である．また，一連の熱処理を**時効処理**（aging treatment）または**時効熱処理**（aging heat treatment）という．なお，溶体化処理後の時効温度が室温であれば**自然時効**（natural aging，質別：T4），原子の移動すなわち拡散を促進するため室温より高い温度に加熱保持すれば**人工時効**（artificial aging，質別：T6）という．Al-4%Cu 合金の TTT 曲線は**図14.9** のようであり，破線で T6（溶体化処理後，人工時効）の熱処理操作を示す．TTT 曲線から，ノーズにかからない速度で急冷すると，過飽和 α となり，その後人工時効することにより前述の析出過程をたどる．このとき，人工時効を，最

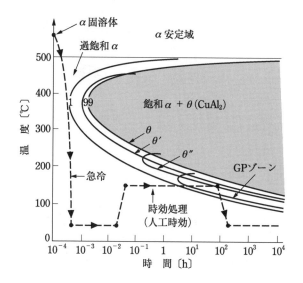

図14.9 Al-4%Cu合金のTTT曲線（溶体化処理と時効）

大硬さが得られるGP（2）ゾーン（≒θ''）が析出する時間で終了させると，過時効にならずに高強度を得られることがわかる．

　また，時効温度が高いほど，析出が促進されピーク硬さに達する時間や安定相θ（CuAl$_2$）の析出する時間が短くなる．

　アルミニウム合金は，Al-Cu合金以外でも時効硬化現象の現れるものがある．例えば二元系状態図をみたとき，Al-Cu系と同様に固溶体の溶解度が温度によって変化する合金系などである．具体例は，温度によってAl固溶体の固溶量の変化が大きい，Cu，Mg，Si，Zn等をひとつまたは複数組み合わせた合金であり，CuAl$_2$, Al$_5$Cu$_2$Mg$_5$, MgZn$_2$, Mg$_2$Siなどの安定化合物が生成する際の析出過程で主にGPゾーンなどの中間相により時効硬化する．

　このような析出硬化を含めた金属の主な強化原理についてアルミニウムを例として**図14.10**に示す．アルミニウムは，Mg，Mn，Siなどの添加によって固溶強化し，Cu，Mg，Si，Znなどの添加により析出硬化可能である．すなわち，3000，5000系などの非熱処理型合金の強化原理は固溶強化と加

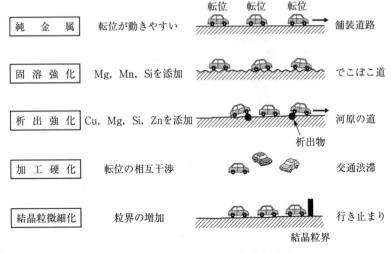

図 14.10　アルミニウムの主な強化原理

工硬化であり，2000，6000 系などの熱処理型合金の強化原理は固溶強化と析出硬化と加工硬化である．また，いずれの合金においても結晶粒微細化による強化が期待できる．

14.1.2.　鋳造用アルミニウム合金

　アルミニウム合金の鋳造法を大別すると，砂型や金型を用いた重力鋳造法と，金型に圧力をかけて溶湯を注入するダイカスト法がある．JIS 規格には，次の規格（材料記号）が規定されている．

　　→　アルミニウム合金鋳物（AC）……砂型や金型を用いた普通鋳造用
　　→　アルミニウム合金ダイカスト（ADC）……ダイカスト用

　JIS 材料記号は，AC4C 等の記号で表される．AC は Aluminum, Casting（鋳物製品）であることを示す．数字は添加元素による種別で，その後の A，B，C の記号は同一合金系の中で添加元素量が異なることを表している．ダイカスト用の ADC の DC は，Die Casting である．なお，アルミニウム合金鋳物の JIS は，近年 ISO との整合がはかられている．

　鋳造用アルミニウム合金は，**図 14.11** のように，非熱処理型合金と熱処理

型合金に分類できる．なお，熱処理は時効処理である．ただし，ダイカスト
成形品は一般に熱処理しない．

図 14.11　鋳造用アルミニウム合金の分類

14. 1. 2. 1.　アルミニウム合金鋳物（AC）

アルミニウム合金鋳物は鋳造性のよい Al-Si 系の合金が種類も多く，よ
く使われている．Al-Si 系状態図は，**図 14.12** に示すように共晶型で，
11.6%Si が共晶組成となっている．

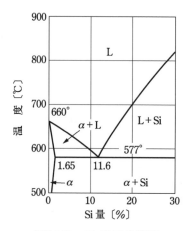

図 14.12　Al-Si 系状態図

主なアルミニウム合金鋳物の標準化学組成と機械的性質を**表 14.6** に示す．
次に，それぞれの合金系について述べる．

a）Al-Si 系合金

AC3A は Al-Si 系合金の基本合金で，**シルミン**（Silumin）として知られ，

表 14.6　主なアルミニウム合金鋳物の標準化学組成と機械的性質

種類	Cu	Si	Mg	その他	質別	引張強さ〔MPa〕	伸び〔%〕	ブリネル硬さ〔HB〕
AC1B	4.2～5.0		0.15～0.35		T4	330 以上	8 以上	約 95
AC2A	3.0～4.5	4.0～6.0			F	180 以上	2 以上	約 75
					T6	270 以上	1 以上	約 90
AC2B	2.0～4.0	5.0～7.0			F	150 以上	1 以上	約 70
					T6	240 以上	1 以上	約 90
AC3A		10.0～13.0			F	170 以上	5 以上	約 50
AC4A		8.0～10.0	0.30～0.6	0.30～0.6Mn	F	170 以上	3 以上	約 60
					T6	240 以上	2 以上	約 90
AC4B	2.0～4.0	7.0～10.0			F	170 以上		約 80
					T6	240 以上		約 100
AC4C		6.5～7.5	0.20～0.4		F	240 以上	3 以上	約 55
					T5	170 以上	3 以上	約 65
					T6	230 以上	2 以上	約 85
AC4CH		6.5～7.5	0.25～0.45		F	160 以上	3 以上	約 55
					T5	180 以上	3 以上	約 65
					T6	250 以上	5 以上	約 80
AC4D	1.0～1.5	4.5～5.5	0.4～0.6		F	160 以上		約 70
					T5	190 以上		約 75
					T6	290 以上		約 75
AC5A	3.5～4.5		1.2～1.8	1.7～2.3Ni	O	180 以上		約 65
					T6	260 以上		約 100
AC7A			3.5～5.5		F	210 以上	12 以上	約 60
AC8A	0.8～1.3	11.0～13.0	0.7～1.3	0.8～1.5Ni	F	170 以上		約 85
					T5	190 以上		約 90
					T6	270 以上		約 110
AC8B	2.0～4.0	8.5～10.5	0.50～1.5	0.10～1.0Ni	F	170 以上		約 85
					T5	190 以上		約 90
					T6	270 以上		約 110
AC8C	2.0～4.0	8.5～10.5	0.50～1.5		F	170 以上		約 85
					T5	180 以上		約 90
					T6	270 以上		約 110
AC9A	0.50～1.5	22～24	0.50～1.5	0.50～1.5Ni	T5	150 以上		約 90
					T6	190 以上		約 125
					T7	170 以上		約 95
AC9B	0.50～1.5	18～20	0.50～1.5	0.50～1.5Ni	T5	170 以上		約 85
					T6	270 以上		約 120
					T7	200 以上		約 90

※組成の空欄は，一般に上限の規定がある．　　　　　　　　　　（JIS H 5202）

共晶組成を標準組成とするため融点が低く，優れた鋳造性をもつ．非熱処理型なので強度は高くないが靱性は高い．共晶 Si 相を微細にするため，Na（ナトリウム），Sr（ストロンチウム），Sb（アンチモン）などを微量添加する．この改良処理により，引張強さおよび伸びは向上する．Si 相を含むため熱膨張係数が小さく，耐食性にも優れる．溶接も可能であるが，耐力が低い．

b）Al-Si-Mg 系

AC4A は，AC3A より Si を減量して Mg を少量添加した合金であり，時効硬化により強度を向上させる合金である．耐食性も良好であり，エンジン部品，車両部品，船用部品などに適用されている．

AC4C は，AC4A より Si と Mg の含有量を下げてあり，強度は若干低下するものの靱性に優れた合金で，自動車用ホイールなど広く用いられている．AC4CH 合金は AC4C 合金の不純物を規制した合金であり，より強靱である．

c）Al-Si-Cu 系

AC4B に代表されるこの系は，AC3A から Si を減量して Cu を添加した合金である．鋳造性のよさは保ちつつ，時効処理によりさらに高強度である．ただし耐食性は劣る．この合金系は汎用性が高く，再生地金の利用に配慮し，不純物許容範囲が広い．AC4D は AC4B に比べ Si および Cu の含有量を少なくする一方，Mg を加えて時効硬化により強度を向上させており，鋳造性に優れ，強靱で，耐圧性・耐熱性のよい鋳物である．

AC8A と AC8B は，AC4D の Si を増やし，さらに Ni を加えた低線膨張率（low expansion coefficient）合金で，そのため**ローエックス**（Lo-Ex）と呼ばれる．高強度で，耐摩耗性に優れているが，伸びは小さい．

AC9A，AC9B は，過共晶 Al-Si 系合金に Cu，Mg，Ni を添加した合金であり，耐摩耗性に優れる．鋳造性は低いが，弾性率が大きく，熱膨張率は小さい．その特性を生かして，エンジン用ピストンなどに利用される．

d）Al-Cu 系

この系は，時効処理により高強度であるが，鋳造性や耐食性に劣る．

AC1B はこの系の基本合金であるが，Mg を微量含んでおり固溶強化および時効硬化性が増大し，強度が高く，切削性，電気伝導性もよい．

e）Al-Cu-Si 系

AC2A は，**ラウタル**（Lautal）の名称で知られ，Al-Cu 系に Si を添加して，鋳造性を改善した合金である．一般用として多く流通している材質であり，引張強さ，被削性，溶接性も良好である．T6 処理（溶体化処理温度 500℃，時効 160℃-6 h）により強度が上がる．機械的性質が重視される自動車用エンジン部品，例えばシリンダヘッドやクランクケースなどの用途がある．なお，AC2B は Cu を減らして Si を増加させて AC4B にやや近い組成として鋳造性をさらに改良している．

f）Al-Cu-Ni-Mg 系

AC5A は，Y 合金と呼ばれる耐熱合金で，AC1B（Al-Cu-Mg 合金）の高温強度を増大させるため，さらに Ni を添加している．熱処理により引張強さが 300 MPa 以上であり，切削性は良好で，耐摩耗性に優れる．ただし，靱性は低く，耐食性も劣る．

g）Al-Mg 系

AC7A は，**ヒドロナリウム**（Hydronalium）と呼ばれる耐食合金で，固溶体合金で熱処理を施さない．伸びはアルミ合金鋳物の中で最大で，靱性も高く，耐食性，陽極酸化性に優れている．ただし，湯流れ性は低く，凝固収縮割れを生じやすいため，金型での鋳造は難しい．AC7B は，AC7A より Mg を多くした熱処理型の高力耐食合金である．ただし，AC7A よりさらに鋳造性が低い．

14. 1. 2. 2. アルミニウム合金ダイカスト（ADC）

アルミニウムは，鉄鋼と比較して融点が低いため金型による鋳造に向いており，特にダイカスト法は小型の複雑形状のアルミニウム合金鋳物を大量生産するのに適している．わが国のアルミニウム合金鋳物のうち，ダイカストが過半を占めている．また，ダイカスト鋳物には，アルミニウム合金のほか，

亜鉛合金やマグネシウム合金があるが, 9割以上をアルミニウム合金鋳物が占めている. 自動車部品の適用が多く, シリンダヘッドやクランクケース, クラッチハウジング, ピストン, トランスミッションケース等で使われている.

ダイカストは, **図14.13**のように溶湯を加圧して金型に高速で注入させて複雑な形状の部品を作る製法である. そのため, ダイカスト用アルミニウム合金には高い流動性が求められる. また, 砂型・金型用合金では不純物とされる少量のFeを, 金型への焼付きを予防するために意図的に添加していることが相違点である.

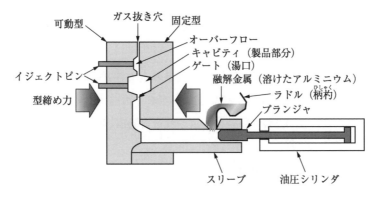

図14.13 ダイカスト装置の概略

また, ダイカストでは, 溶湯注入の際に空気を巻き込みやすい. したがって, 事前の溶湯の脱ガス効果が期待できないので脱ガス処理を通常施さない. これらのため, ダイカスト鋳物を高温加熱すると, 巻き込まれた空気などのガスが品物の表面層を膨らませる"ブリスタ"が発生しやすい. したがって, ダイカスト鋳物製品は, 通常は熱処理を施さないので鋳放し状態での機械的性質を確保するための配慮がされている. しかし, 近年熱処理を可能とするダイカスト技術が開発され, 一部の製品で熱処理が適用されている. また, ダイカスト用金型は冷却能が大きく, 速い冷却速度で成形(急冷凝固)されることによって微細な組織が得られ, 高い機械的性質の製品を得られる. ま

た，急冷凝固は機械的性質に及ぼす不純物の影響を受けにくいので，再生地金が使用されている．

　JIS 規格"アルミニウム合金ダイカスト"により規定されている合金の標準化学組成と合金の特徴を**表 14.7** に示す．なかでも <u>Al–Si–Cu 系の ADC12 は，ダイカスト用アルミニウム合金使用量の 9 割以上</u>にもなる．また，近年のこの JIS 規格の改正で，ISO 規格にある Si10MgFe 種などが追加されている．これらの材料記号は，元素記号の後の数値でその含有量を表し，（　）内に示される元素は，その許容量が緩和されていることを示す．

a）Al–Si 系（ADC1）

　AC3A 合金と同じ，約 Al–12%Si の共晶合金である．鋳造性，耐食性に優れる．強度はダイカスト合金中最も低い．

b）Al–Si–Mg 系（ADC3）

　AC4A 合金と同種の合金である．少量の Mg が添加されているため，ADC1 合金より強度は高い．高品質な真空ダイカストなどでは，一部熱処理して用いられる．高靱性が特に要求される自動車等の部品などに利用されている．

c）Al–Mg 系（ADC5，ADC6）

　固溶体合金であり耐食性に優れ，靱性は高い．

d）Al–Si–Cu 系（ADC10，ADC10Z，ADC12，ADC12Z）

　ADC10 はAC4B に相当し，Si を多く含み，鋳造性に優れる高力合金である．ADC12 は ADC10 の Si 量を増やして Cu 量を減らした合金であり，さらに鋳造性を改善している．ADC12 は，自動車部品（エンジン部品を含む）や電気機器部品など，非常に広く利用されている．なお，JIS 記号の末尾の Z のものは海外の規格に合わせたもので，Zn を 3%まで許容するが，耐食性や，鋳造割れ性がやや低下する．

e）Al–Si–Cu–Mg 系（ADC14）

　AC9A に相当し，Al–Si 系の過共晶合金に Cu と Mg を添加した高力合金である．剛性，強度，耐摩耗性に優れ，熱膨張率が小さい．

表 14.7 アルミニウム合金ダイカストの標準化学組成と特徴

〔%〕

種類	Cu	Mg	Mn	Si	その他	合金の特徴
ADC1				11.0〜13.0		耐食性, 鋳造性がよい. 耐力が幾分低い.
ADC3		0.4〜0.6		9.0〜11.0		衝撃値及び耐力が高く, 耐食性も ADC1 とほぼ同等で, 鋳造性が ADC1 より若干劣る.
ADC5		4.0〜8.5				耐食性が最もよく, 伸び, 衝撃値が高いが, 鋳造性が悪い.
ADC6		2.5〜4.0	0.4〜0.6			耐食性は ADC5 に次いでよく, 鋳造性は ADC5 より若干よい.
ADC10	2.0〜4.0			7.5〜9.5		機械的性質, 被削性, 鋳造性がよい.
ADC10Z	2.0〜4.0			7.5〜9.5	3.0Zn 以下	ADC10 より耐鋳造割れ及び耐食性が劣る.
ADC12	1.5〜3.5			9.6〜12.0		機械的性質, 被削性, 鋳造性がよい.
ADC12Z	1.5〜3.5			9.6〜12.0	3.0Zn 以下	ADC12 より耐鋳造割れ及び耐食性が劣る.
ADC14	4.0〜5.0	0.45〜0.65		16.0〜18.0		耐摩耗性がよく, 湯流れ性がよく, 耐力が高く, 伸びが劣る.
AlSi9				8.0〜11.0		耐食性がよく, 伸び, 衝撃値も幾分よいが, 耐力が幾分低く, 湯流れ性が劣る.
AlSi12 (Fe)				8.0〜11.0	1.0Fe 以下	耐食性, 鋳造性がよい. 耐力が幾分低い.
AlSi10Mg (Fe)		0.20〜0.50		10.5〜13.5	1.0Fe 以下	衝撃値及び耐力が高く, 耐食性も ADC1 とほぼ同等で, 鋳造性が ADC1 より若干劣る.
AlSi8Cu3	2.0〜3.5	0.05〜0.55		7.5〜9.5		ADC10 より耐鋳造割れ及び耐食性が劣る.
AlSi9Cu3 (Fe)	2.0〜4.0	0.05〜0.55		8.0〜11.0	1.3Fe 以下	ADC10 より耐鋳造割れ及び耐食性が劣る.
AlSi9Cu3 (Fe)(Zn)	2.0〜4.0	0.05〜0.55		8.0〜11.0	1.3Fe 以下 3.0Zn 以下	ADC10 より耐鋳造割れ及び耐食性が劣る.
AlSi11Cu2 (Fe)	1.5〜2.5			10.0〜12.0	1.1Fe 以下	機械的性質, 被削性, 鋳造性がよい.
AlSi11Cu3 (Fe)	1.5〜3.5			9.6〜12.0	1.3Fe 以下	機械的性質, 被削性, 鋳造性がよい.
AlSi12Cu1 (Fe)	4.0〜5.0			16.0〜18.0	1.3Fe 以下	ADC12 より伸びは幾分よいが, 耐力はやや劣る.
AlSi17Cu4Mg	4.0〜5.0	0.45〜0.65		16.0〜18.0		耐摩耗性がよく, 湯流れ性がよく, 耐力が高く, 伸びが劣る.
AlMg9		8.0〜10.5				ADC5 と同様に耐食性はよいが, 鋳造性が悪く, 応力腐食割れ及び経時変化に注意が必要.

※組成の空欄は, 一般に上限の規定がある.

(JIS H 5302)

14.2. マグネシウムとその合金

マグネシウム（Mg：magnesium）の密度は $1.74\,\mathrm{Mg/m^3}$ で，鉄の 1/4，アルミニウムの 2/3 でしかなく，構造用の実用金属中最も軽く，プラスチックとも競合しうる金属素材である．マグネシウムの物理的性質を**表 14.8** に示す．マグネシウム合金は，軽量化を達成する目的のための素材として，需要は拡大した．用途は，電子機器では，携帯電話，ノートパソコン，ビデオカメラの筐体から，自動車用としては，ステアリング，シリンダヘッドカバーなどがある．

表 14.8　純マグネシウムの物理的性質

性　　質	測定温度〔K〕	マグネシウム
結晶構造		最密六方晶（hcp）
格子定数		$a=0.32092$〔nm〕　$c=0.52105$〔nm〕
融　点		923〔K〕
密　度	278	1.738〔$\mathrm{Mg/m^3}$〕
比　熱	293	1.05〔$\mathrm{kJ/(kg\cdot K)}$〕
熱膨張率	273〜473	27.0×10^{-6}〔$\mathrm{K^{-1}}$〕
熱伝導率	293	167〔$\mathrm{W/(m\cdot K)}$〕
電気抵抗率	293	44.5〔$\mathrm{n\Omega\cdot m}$〕
縦弾性係数	293	44.3〔GPa〕

14.2.1. マグネシウムとその合金の性質

マグネシウムは他の金属と同様に合金化によって，機械的性質が向上する．用途に応じて，Al，Zn，Mn，Zr，希土類などの添加元素を加えて多様な特性をもたせている．

マグネシウム合金の材料記号は JIS に規定があるものの，一般に**表 14.9** に示す**ASTM**（American Society for Testing and Materials：米国試験材料協会）の材料記号がよく使われている．この表記は，合金の組成がわかりやすいという利点がある．AZ91 は，Mg - 9%Al - 1%Zn 合金である．

鉄鋼やアルミニウム合金よりも優れている点として，比強度や比曲げ剛性

表 14.9　マグネシウム合金の材料記号（ASTM）

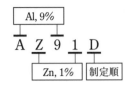

記　号	元　素
A	Al（アルミニウム）
Z	Zn（亜鉛）
K	Zr（ジルコニウム）
M	Mn（マンガン）
E	希土類元素
Q	Ag（銀）
S	Si（シリコン）
H	Th（トリウム）
L	Li（リチウム）
W	Y（イットリウム）

がある．図 14.14 に各種材料の比強度および比曲げ剛性を示す．このように代表的マグネシウム合金である AZ91D 合金は，他の材料と比較して優れた比強度・比曲げ剛性をもつ．さらに，放熱特性，電磁波シールド性，振動・

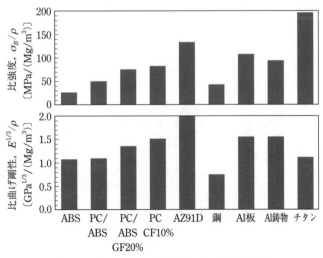

図 14.14　各種材料の比強度および比曲げ剛性

衝撃吸収性，耐くぼみ性，リサイクル性などに優れる．被削性も優れており，各種金属の切削所要動力を比較すると，**表 14.10** のようにマグネシウム合金が最も低い．

表 14.10　各種金属の切削所要動力の比較

金　属	切削所要動力指数
マグネシウム合金	1.0
アルミニウム合金	1.8
黄　銅	2.3
鋳　鉄	3.5
軟　鋼	6.3
ニッケル合金	10.0

アルミニウムと同様に融点が低く，Fe と反応しにくいため，金型による鋳造に適しており，マグネシウム合金製品はダイカスト法による鋳物が主流である．また，チクソモールディング法と呼ばれる，プラスチックの射出成形法に似た鋳造法も適用されている．チクソモールディング法は，固液共存領域の温度で溶湯を攪拌，初晶組織を粉砕しながら金型へ鋳湯することにより微細な組織を得る半溶融成形も可能である．

展伸材は，**図 14.15** に示すように，砂型鋳物やダイカスト材よりも機械的

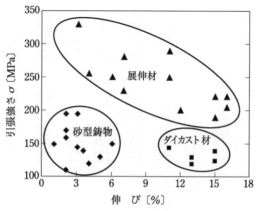

図 14.15　マグネシウム合金の伸びと引張強さ

特性に優れており，ノートパソコンの筐体などに採用されている例がある．しかし，マグネシウムの塑性加工性は，稠密六方構造（hcp）のため，常温ではすべり系が底面に限定されることから，他の結晶構造のアルミニウムや銅などに劣る．ただし，約250℃以上に加熱すれば底面以外のすべりが活動し，塑性加工は比較的容易となる．したがって，常温での塑性加工性の改善が望まれており，展伸材の用途拡大が期待されている．

　マグネシウムは一般的に塩素イオン，酸性，塩類の存在する雰囲気では腐食しやすいが，大部分のアルカリおよび有機化合物に対しての耐食性は優れている．塩水中のマグネシウムの腐食に及ぼす含有元素の影響を**図14.16**に示す．マグネシウムに存在する Fe，Ni，Cu などの不純物は，化合物による局部電池作用により腐食を促進させる．Fe の対策として，Mn 添加に

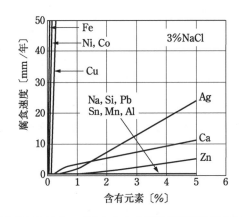

図14.16 塩水中におけるマグネシウムの腐食速度に及ぼす含有元素の影響

よって Al–Fe 化合物と化合させてその陰極性を低減し耐食性を改善する効果がある．したがって，Mg–Al 系合金では不純物量とともに Fe/Mn 比の管理も重要となる．マグネシウム合金の耐食性はこれらの不純物の低減により以前より格段に向上しているが，一般に表面処理は必須であり，製品コストに占めるその割合はアルミニウムなどよりも高い．

14.2.2.　マグネシウム合金の種類と特徴

a）Mg-Al-Mn 系（AM 系）

Mg-Al-Mn 系合金は，一般に約 5～10%Al を基本として少量の Mn が含まれている．Mg-Al 系状態図の Mg-rich 側は，Mg 固溶体（α 相）と Mg$_{17}$Al$_{12}$ 化合物（β 相）の共晶系で，最大固溶度は 12.7%（437℃）である．また，Mn 添加によって，Al-Mn 系の金属間化合物が耐食性を害する Fe，Ni，Cr を取り込むことで，耐食性が向上する．

AM50，AM60 のダイカスト材は，靱性が高く，耐衝撃性の要求されるステアリングホイール芯材などに使用されている．より Al 量の多い AM 100 は，時効熱処理により高強度であり，自動車用ホイールなどに使われる．

b）Mg-Al-Zn 系（AZ 系）

Mg-Al-Zn 系合金は，マグネシウム合金の代表的な合金であり最も生産量が多い．特に鋳造用の汎用合金として AZ91 は最も多用されている合金である．Al，Zn の添加により，鋳造性，引張強度，耐食性が向上する．AM 系と同様に，少量の Mn により耐食性を向上させている．

展伸用合金として AZ31 は最も代表的な合金である．Al 量の増加と同時に塑性加工性が低下するが，強度の必要な場合は AZ61，AZ80 などが使われることもある．

c）Mg-Zn-Zr 系合金（ZK 系）

Mg-Zn-Zr 系合金は，Zn による固溶硬化と中間相 MgZn の析出硬化により強度が上昇する熱処理型の合金である．また，Zr を添加すると，凝固時において α 相中央部に Zr に富んだコア組織が形成され，結晶粒微細化の効果がある．なお，Zr 添加による結晶粒微細化効果は，Al，Mn を含む合金系ではみられない．この合金系は熱処理によって耐力や引張強さが向上し，比強度が大きい．例えば，ZK61 は実用鋳造用マグネシウム合金で最大の比強度をもつ合金の一つである．また，結晶粒を微細化することで，熱間加工性が向上するので，展伸用として ZK60 などがある．

d）耐熱マグネシウム合金

　一般的なマグネシウム合金は耐熱性，特にクリープ特性に改善の余地がある．耐熱マグネシウム合金は，その欠点を改良した合金の総称である．Mg-Al-Si 系の AS41，AS21 合金などは，Si の添加により，微細な金属間化合物 Mg₂Si が結晶粒界に分散することで耐クリープ性を向上させている．また，希土類元素（Rare Earth）を添加した Mg-Al-RE 系の AE42 合金などは，さらに耐クリープ性を向上させた合金である．さらに，Mg-Al-Ca 系の AX 系合金は，耐熱性に優れ，溶湯の難燃化がされている．マグネシウムへの Ca の最大固溶量は約 1.6% であり，Ca の添加によって生成する Mg₂Ca は耐クリープ性の向上に寄与する．これらの耐熱マグネシウム合金は，高温環境で使用される自動車用パワートレイン部品などに使われている．

e）Mg-Li 系合金

　Mg-Li 合金は，Li の密度が 0.51 Mg/m³ と金属元素の中で最も小さいため，プラスチックに匹敵する軽さを実現した金属材料である．また，Mg-Li 合金は，軽量なだけでなく，Li の添加により体心立方構造の組織が現れるため塑性加工性に優れており，マグネシウム合金が不得意とする冷間加工も容易である．

14.3. チタンとその合金

14.3.1. チタンとその合金の特徴

　チタン（Ti：titanium）とその合金（以下チタン）は，密度が 4.51 Mg/m³ で鉄鋼の約 60% であるにもかかわらず高張力鋼に匹敵するほどに強く，しかも耐熱性や耐食性が非常に良い．チタンの物理的性質を**表 14.11** に示す．このような特性を生かして，化学プラント，化学プラント容器，原子力関連機器，航空宇宙用などに利用される．また，生体適合性に優れるため，医療用インプラント材としての利用もされている．このようにチタンは優れた特性をもつにもかかわらず，精錬および加工コストが高いため，高付加価値な金属素材として適材適所に使われている．

表14.11　チタンの物理的性質

性　　質	測定温度〔K〕	チタン
結晶構造		α Ti：稠密六方晶（hcp）
格子定数		a＝0.29551〔nm〕　c＝0.46843〔nm〕
変態点（hcp/bcc）		1 155〔K〕
融　点		1 941〔K〕
密　度	293	4.51〔Mg/m^3〕
比　熱	273～373	528〔J/(kg・K)〕
熱膨張率	273～373	8.35×10^{-6}〔K^{-1}〕
熱伝導率	273～373	18.0〔W/(m・K)〕
電気抵抗率	293	420〔nΩ・m〕
縦弾性係数	293	120.2〔GPa〕

　精錬された純チタンはスポンジ状であり，それを真空またはアルゴンガス雰囲気中において溶解してインゴットを得る．鉄鋼用の設備の圧延工程等を経て，板，シート，棒，線，溶接管など各種形状の素材が生産されている．

　純チタンの結晶構造は，室温平衡状態にて稠密六方構造（α相）であるが，882℃で同素変態して，高温平衡状態にて体心立方構造（β相）となる．マグネシウムと同様に稠密六方構造のため，α相のすべり系は少なく，塑性変形においては双晶変形が起きやすい．α相は集合組織を形成しやすく，力学的特性の異方性を生じやすい傾向にある．

14.3.2.　チタンとその合金の種類と特徴

　チタン材料は，純チタンとチタン合金とに分けられる．チタンおよびチタン合金の JIS 記号は，**図 14.17** のように表記される．

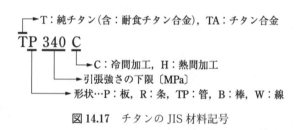

図 14.17　チタンの JIS 材料記号

　汎用の純チタンは，JISで4種類が定められており，これらは商業的に純度が高いという意味から**CP**（Commercially Pure）**チタン**とも呼ばれる．純チタン棒の化学組成および機械的性質を**表14.12**に示す．国内で最も使用量が多い2種では340 MPa以上の引張強さで，炭素鋼に匹敵する．純チタンの機械的性質は，OやFeの含有量が多いほど強く脆くなる傾向がある．純チタンの機械的性質に及ぼす酸素量の影響を**図14.18**に示す．

　チタン合金には，純チタンにわずかな添加元素を加えた耐食チタン合金と，機械的特性や加工性の向上を主目的としたチタン合金に大別される．一般に，単にチタン合金といえば，後者をさすことが多い．

表14.12　純チタン棒の組成および機械的性質

| 記号 | 分類 | 化学成分〔%〕 | | | | | | 機械的性質 | | | |
		O 以下	N 以下	C 以下	Fe 以下	H 以下	Ti	引張強さ〔MPa〕	耐力〔MPa〕	伸び〔%〕	硬さ〔HV30〕
TP270	1種	0.15	0.03	0.08	0.20	0.013	残	270〜410	165以上	27以上	100以上
TP340	2種	0.20	0.03	0.08	0.25	0.013	残	340〜510	215以上	23以上	110以上
TP480	3種	0.30	0.05	0.08	0.30	0.013	残	480〜620	345以上	18以上	150以上
TP550	4種	0.40	0.05	0.08	0.50	0.013	残	550〜750	485以上	15以上	180以上

（JIS H 4600 抜粋）

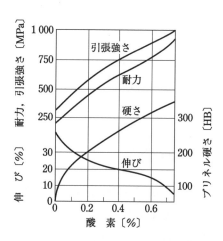

図14.18　純チタンの機械的性質に及ぼす酸素量の影響

　チタンの耐食性を改善する元素としては，Pt，Pd，Ru，Mo，Ni などがある．これらを添加した耐食チタン合金は，純チタンよりさらに耐食性に優れ，特に耐隙間腐食性に優れる．化学装置，石油精製装置，パルプ製紙工業装置などに用いる．

　チタン合金は，組織によって特性が異なるため，α 型，$\alpha + \beta$ 型，β 型の 3 種類に大別される．また，状態図の α 相および β 相の領域を拡大する元素を，それぞれ α 安定化元素，β 安定化元素という．α 安定化元素には，Al，C，Ga，N，O，Sn などがあり，β 安定化元素には，固溶する Mo，Nb，V，Ta などと，共析型である Cr，Fe，Cu，Mn，Co などがある．

　チタン合金のなかでも，二相合金の $\alpha + \beta$ 型はチタン合金の代表格で，延性，靱性，加工性，溶接性，強度でバランスの良い高さをもち，耐食性も優れる．合金のなかで最も生産量の多い Ti-6Al-4V 系合金は JIS 60 種として規定されており，1 GPa 級の引張強さをもち，焼なまし状態では加工性が比較的良好で，板・棒・線などの展伸材や各種形状の鍛造品が作られている．代表的なチタン合金の機械的性質を表 14.13 に示す．

表 14.13　主なチタン合金の機械的性質

合金型	合金名	熱処理	引張強さ〔MPa〕	0.2%耐力〔MPa〕	伸び〔%〕
α	Ti-5Al-2.5Sn	焼なまし	850	820	18
$\alpha + \beta$	Ti-6Al-4V	溶体化時効	1070	1000	13
β	Ti-15V-3Al-3Cr-3Sn	溶体化時効	1335	1245	12

14. 4.　銅とその合金

　銅（Cu：copper）は，熱および電気の良導体で，加工しやすく，大気中，淡水，海水などに対する耐食性は優れている．銅合金は，古くから広く利用されている歴史ある金属材料であり，大仏も銅合金の青銅で作られている．銅の物理的性質を表 14.14 に示す．純銅は主に導電材料として，銅合金は各

種機械部品，建築金物などに使用されている．なお，伸銅品という呼称は，銅または銅合金を，圧延，引抜き，鍛造などの熱間または冷間の塑性加工によって，板，条，管，棒，線などの形状に加工した製品の総称である．銅は，図 4.8 に示すとおり加工硬化が顕著であり，したがって**図 14.19** に示すように，焼なましによって機械的性質も大きく変化する．

銅および銅合金の JIS 材料記号は**図 14.20** に示すように，頭文字 C で始ま

表 14.14　銅の物理的性質

性　　質	測定温度〔K〕	銅
結晶構造		面心立方晶（fcc）
格子定数		$a=0.361465$〔nm〕
融　点		1 356.0〔K〕
密　度	293	8.93〔Mg/m^3〕
比　熱	273〜373	386〔J/(kg·K)〕
熱膨張率	273〜373	17.0×10^{-6}〔K^{-1}〕
熱伝導率	273〜373	397〔W/(m·K)〕
電気抵抗率	293	16.94〔nΩ·m〕
縦弾性係数	293	110.2〔GPa〕

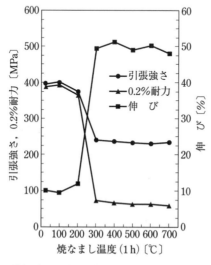

図 14.19　純銅（C1100）の焼なまし温度と機械的性質の変化

る 4 桁記号で表記される．主な銅および銅合金の化学組成と性質を**表 14.15**に示す．

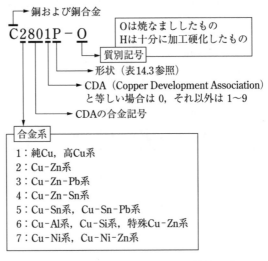

図 14.20　銅および銅合金の JIS 材料記号

14. 4. 1.　純　銅

　純銅は，電気伝導性が銀に次いで高く，熱伝導も非常に優れているので，導電材料や伝熱材料として用いられている．銅の電気抵抗に及ぼす微量固溶元素の影響を**図 14.21**に示す．なお，焼鈍標準軟銅を基準とした電気抵抗（または電気伝導度）の比率を**%IACS**（international annealed copper standard）という．この数値は大きいほど導電性はよい．

　純銅は，精錬の過程で残る酸素の量によって，無酸素銅，タフピッチ銅，脱酸銅の 3 種類に分類される．

a）無酸素銅（C1011，C1020）

　純銅の中でも最も純度が高い 99.96%Cu 以上の純銅で，酸素量が 0.001%から 0.005%とごく微量に抑えられている．電気・熱の伝導性に優れ，還元性雰囲気中で高温加熱しても水素脆化を起こさない．電気管用については 4N 以上，99.99%以上の純度をもつ．

表 14.15　主な銅および銅合金の化学組成と性質

品名	合金番号	化学成分 [%]						機械的性質の代表値				物理的性質の代表値	
		Cu	Pb	Fe	Sn	Zn	その他	質別	引張強さ [MPa]	伸び [%]	硬さ (HBW)	熱伝導率 (cal/(℃·cm·sec))	導電率 [%] IACS
無酸素銅	C1020	99.96 以上	—	—	—	—	—	1/2H	245~315	15以上	112以下	0.93	97以上
タフピッチ銅	C1100	99.9 以上	—	—	—	—	—	1/4H	215~275	25以上	87以下	0.93	97以上
リン脱酸銅	C1220	99.9 以上	—	—	—	—	P 0.015~0.040	1/2H	245~315	—	112以下	0.81	86
黄銅1種(七三)	C2600	68.5~71.5	0.05以下	0.05以下	—	残	—	—	410~540	—	93~151	0.29	28
黄銅2種	C2700	63.0~67.0	0.05以下	0.05以下	—	残	—	H	410以上	—	—	—	—
黄銅3種(六四)	C2801	59.0~62.0	0.10以下	0.07以下	—	残	—	1/4H	355~440	25以上	—	0.28	27
快削黄銅2種	C3604	57.0~61.0	1.8~3.7	0.50以下	Fe+Sn 1.0以下	残	—	F	335以上	—	—	—	—
鍛造用黄銅2種	C3771	57.0~61.0	1.0~2.5	Fe+Sn 1.0以下	Fe+Sn 1.0以下	残	—	F	315以上	15以上	—	—	—
ネーバル黄銅2種	C4641	59.0~62.0	0.50以下	0.20以下	0.5~1.0	残	—	F	345以上	20以上	—	—	—
高力黄銅	C6782	56.0~60.5	0.50以下	0.1~1.0	—	残	Al 0.20~2.00 Mn 0.50~2.50	F	460以上	15以上	—	—	—
リン青銅2種	C5191	—	0.02以下	0.10以下	5.5~7.0	0.20以下	P 0.03~0.35 Cu+Sn+P 99.5以上	H	590~685	8以上	180~230	0.16	15
リン青銅3種	C5212	—	0.02以下	0.10以下	7.0~9.0	0.20以下	P 0.03~0.35 Cu+Sn+P 99.5以上	H	590~705	12以上	180~235	0.15	12
ばね用リン青銅	C5210	—	0.02以下	0.10以下	7.0~9.0	0.20以下	P 0.03~0.35 Cu+Sn+P 99.7以上	H	590~705	20以上	—	0.16	15
ばね用洋白	C7701	54.0~58.0	0.03以下	0.25以下	—	残 (Coを含む場合はNiとして考える)	Ni 16.5~19.5 Mn 0~0.50	H	480~755	4以上	—	0.07	5
ベリリウム銅25合金	C1720 相当	残	—	—	—	—	Be 1.8~2.0 Co 0.25~0.35	H	1 313~1 480 硬化処理後	1~3	344~421	0.26~0.31	22~25
クロム銅	Z3234 相当	残	—	—	—	—	Cr 0.7~1.2	F	380以上	15以上	125	0.80	70以上

(JIS H 3100, H 3110, H 3130, H 3250 より抜粋)

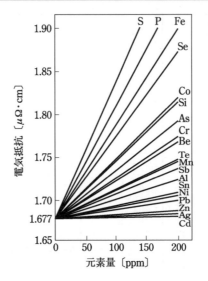

図14.21 銅の電気抵抗に及ぼす微量固溶元素の影響

b）タフピッチ銅（C1100）

　酸素を酸化銅の状態で0.02〜0.05％含む99.90％Cu以上の純銅で，無酸素銅ほどの純度はない．電気・熱の伝導性に優れるが，還元性雰囲気中で高温加熱すると水素が材料内部に残っている酸素と反応して水蒸気を作り出し，これが材料に亀裂を生じさせる水素脆化を起こす場合がある．したがって，還元性雰囲気での高温加熱や溶接，はんだ，ろう接には向かない．

c）リン脱酸銅（C1220）

　前述のタフピッチ銅の水素脆化の対策を行った99.90％Cu以上の純銅で，Pで脱酸を行ったものをリン脱酸銅という．ただし，タフピッチ銅に比べて導電率は劣る．Pが残留しているために酸素が除去されており，加熱しても水素と反応して内側から水蒸気が生成されず，水素脆化を起こさず，耐熱性もやや向上している．また，残留リン量によって高リン脱酸銅と低リン脱酸銅とがある．前者は，水素脆化の心配はないが，導電性が低下する．後者は，導電性の低下は少ないが，条件によっては水素脆化のおそれもある．

14. 4. 2. 黄 銅

Cu-Zn 合金のうち，一般に約 20～45%Zn のものを**黄銅**（brass）または真ちゅうという．身近な例では，5 円硬貨は黄銅製であり，ほぼ金色で美しいのが特徴である．金管楽器を主体として編成される楽団のブラスバンドは黄銅製の楽器を使用することが名前の由来である．適度な強度，優れた展延性・鋳造性をもち，扱いやすい合金である．また，黄銅は耐食性が良好であるので船舶用部品，導電性に優れるため電気部品のコネクタ等に使われる．

代表的合金として，**七三黄銅**（C2600：70%Cu-30%Zn）や**六四黄銅**（C2801：60%Cu-40%Zn）がある．Cu-Zn 系合金の機械的性質を**図 14.22**に示す．七三黄銅の 30%Zn では伸びが大きく，六四黄銅の 40%Zn では引張強さが大きい．これらの特性により目的に応じて使い分けられる．また，Zn の割合が増すごとに硬さが増加するが，同時に脆くなるため，45%Zn 以上では実用に耐えない．

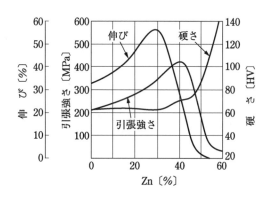

図 14.22 Cu-Zn 合金の機械的性質

特殊黄銅として，各種元素を添加して特性を改良した合金がある．高力黄銅は，六四黄銅をベースに，結晶粒を細かくして機械的性質を改善させる Mn，Fe や，耐食性を向上させる Al などが添加されている．その他，被削性を高めるために鉛 Pb を添加した快削黄銅や，スズ Sn を添加し海水での耐食性を高めた**ネーバル**（naval）黄銅，18%Ni を含み耐食性とばね性に優

れた**洋白**（nickel silver）などがある.

14.4.3.　青　銅

　青銅（bronze）は，黄銅より歴史が長い実用金属であり，一般には Cu-Sn 合金のことであるが，それ以外の銅合金でも青銅と呼ばれることがある. 青銅は，融点が低く溶湯の流動性があるため鋳造性が良好で，被削性・耐食性もよく，適度な展延性があり機械的性質も優れている. また，大気中で徐々に酸化されて表面に炭酸塩を生じ，いわゆる青銅色になる. Cu-Sn 系合金の機械的性質を**図 14.23** に示す. Sn 含有量が少ないと伸びが大きく，多いと硬くなる傾向がある. 用途としては，ばね，軸受，スリーブ，ブッシュ，ポンプ，バルブなどに使用される.

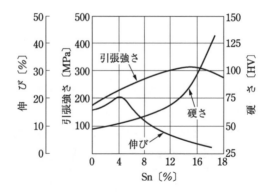

図 14.23　Cu-Sn 合金の機械的性質

　青銅の実用合金は，Cu-Sn 二元系に，Zn，P，Pb などを添加したものが使われている. P は通常脱酸剤として含有されるが，その目的以上の P を添加したリン青銅は，冷間加工性が向上し，低温焼なましをすると，弾性限度および疲れ限度が高いという特徴を有する. また，耐食性・耐疲労性・耐摩耗性にも優れており，ばね材やダイアフラム・ベローズなどに適する.

　また，Al を 12%以下含むアルミニウム青銅は，耐食性がよく，機械的性質もよい. これは，Cu-Sn 系の青銅に Al を添加したものではなく，Cu-Al

合金である.

また, 青銅とは呼ばないが, **ベリリウム銅** (copper-beryllium alloys) は, 0.4～2.2%Be と少量の Co, Ni および Fe を添加した析出硬化型の高銅合金で, 冷間加工と時効硬化処理によって鋼に匹敵する強度が得られる. ベリリウム銅は, 25 合金 (C1720 相当) に代表される高強度合金と, 50 合金 (JIS Z 3234 3種相当) に代表される高導電性合金 (高電導度合金) に大きく分けられる. 特に, 25 合金 (アロイ 25) は, ベリリウム銅板の中では最も一般的であり, 銅合金の中で最高の強さと硬さをもっている. また, 板・条・棒・線などの形状で展伸材として供給され, 高強度・高導電性・耐疲労性・加工性・耐食性などの特性を兼ね備えており, 高性能ばね材料として幅広い用途に使用されている.

14.5. ニッケルとその合金

ニッケル (Ni：nickel) は, 光沢のある銀白色をした面心立方構造の金属で, 地球上で 5 番目に豊富な元素であり地殻からも産出するが, 掘削不可能な地球の中心部のほうに多く分布する. ニッケルの物理的性質を**表 14.16** に示す. ニッケルは融点が 1 455℃と高いため, その合金は耐熱性が高く, 大

表 14.16 ニッケルの物理的性質

性　質	ニッケル
結晶構造	面心立方晶 (fcc)
格子定数	$a=0.35167$ 〔nm〕
融　点	1 728 〔K〕
密　度	8.902 〔Mg/m^3〕
比　熱	441 〔J/(kg・K)〕
熱膨張率	13.3×10^{-6} 〔K^{-1}〕
熱伝導率	92 〔W/(m・K)〕
電気抵抗率	68.4 〔nΩ・m〕
縦弾性係数	207 〔GPa〕

気中500℃以下で安定している．また，耐食性，耐酸化性も優れている．特にアルカリに強く，酸にもなかなかおかされない．熱間加工・冷間加工がいずれも容易で，電気抵抗が高い．

　ニッケル合金は，Cu，Cr，Mo などを加えて使用目的に適した性質をもたせた合金が使われている．ニッケル合金の多くは商標名がついており，それらが定着して一般名詞のように使われている合金名もある．一例として，モネルメタルと呼ばれる合金群のうちモネル 400 は，Ni-33%Cu-2%Fe で，引張強さが 550〜950 MPa あり，耐熱性，耐食性に優れている．その特性を生かして，精密機械，化学装置，排気弁などに使われる．

　電熱線の代名詞にもなっているニクロム線のニクロムは，Ni と Cr の合金であるが，近年は Fe 基合金のカンタルが主役となっている．また，アルメル・クロメル熱電対は最もよく使われている熱電対の一つとして知られているが，アルメルは Ni-3%Al を基本とするニッケル合金で，クロメルも Ni-10%Cr を基本としたニッケル合金である．

　Ni-Ti 合金は，形状記憶合金として後述する．

14.6.　亜鉛とその合金

　亜鉛（Zn：zinc）の物理的性質を表 14.17 に示す．亜鉛の最も大きな用途は鉄鋼製品の防食めっき用であり，また黄銅の合金原料としての用途も多い．構造材料としては亜鉛合金ダイカスト製品が製造されており，薄肉で複雑な形状の鋳物が製造可能で，寸法精度が高い．亜鉛ダイカスト製品は，衝撃値が高く，特にめっきなどの表面処理性にも優れている．表 14.18 に JIS に規定されている亜鉛合金ダイカストの化学組成，特徴と用途を示す．このように 2 種類が規定されており，いずれも約 4%Al と微量の Mg が添加され，1種はさらに約 1%の Cu を含む．Cu は硬さと強さを向上させるが，経年変化により機械的性質が低下し寸法変化が大きい欠点があるため，ZDC2 の使用量が圧倒的に多い．なお，この合金の不純物の許容量はきわめて厳格であ

表 14.17 亜鉛の物理的性質

性 質	亜 鉛
結晶構造	稠密六方晶（hcp）
格子定数	$a=0.26649$〔nm〕　$c=0.49468$〔nm〕
融 点	692.65〔K〕
密 度	7.13〔Mg/m³〕
比 熱	394〔J/(kg·K)〕
熱膨張率	30.2×10^{-6}〔K^{-1}〕
熱伝導率	119.5〔W/(m·K)〕
電気抵抗率	59.2〔nΩ·m〕
縦弾性係数	104.5〔GPa〕

表 14.18 亜鉛合金ダイカストの組成，特徴と用途

種類	記号	化学成分〔%〕			特 徴	使用部品例
		Al	Cu	Mg		
1 種	ZDC1	3.5〜4.3	0.75〜1.25	0.020〜0.06	機械的性質および耐食性が優れている	ステアリングロック，シートベルト巻き取り金具，ビデオ用ギヤ，ファスナつまみ
2 種	ZDC2	3.5〜4.3	0.25以下	0.020〜0.06	鋳造性およびめっき性が優れている	自動車ラジエータグリルカバー，モール，自動車ドアハンドル，ドアレバー，PCコネクタ，自動販売機ハンドル，業務用冷蔵庫ドアハンドル

(JIS H 5301)

り，99.995％以上の亜鉛地金を用いる必要がある．

14.7. 鉛・スズとその合金

スズ（Sn：tin）は，アルミニウムが普及する以前は食器などの日用品として広く用いられてきたが，大半の用途は合金材料である．13.2℃に変態があり，この温度以上がよく知られている白スズ（white tin）であり，以下で

は灰スズ（gray tin）という灰色の粉末である．しかし，一般には変態が過冷却されて，13.2℃以下でも灰スズにならない．白スズは，引張強さ 20〜40 MPa，伸び 35〜40%で，展性に優れ，箔にできる．耐食性が良好で，鋼にスズめっきしたものはブリキと呼ばれ，果実の缶詰などに使用されている．

　Sn を含む合金としては，鉛との合金であるはんだ，Cu との合金である青銅が代表的である．Sn-Sb-Cu 系合金は，軸受用合金として使われる．

　鉛（Pb：lead）は，再結晶温度が低いため展性が大きい．従来からのはんだは，Sn-Pb 合金である．Pb-Sn 系の状態図は**図 14.24** に示すように共晶型であり，JIS で規定されているはんだの組成は広範囲にわたっている．その組成によって温度区間に大小があるので，はんだ付けの目的に応じて適切な組成を選択する．ただし，Pb は有毒で環境負荷物質であるため，近年 Pb を含まない鉛フリーはんだが開発されている．鉛フリーはんだは，融点が高い，濡れ性が劣る，硬いなど，技術的課題が残っているが，積極的に使われ始めている．

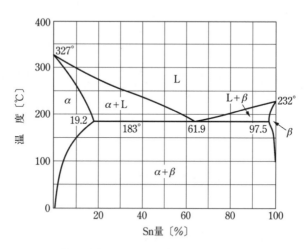

図 14.24　Pb-Sn 状態図

第 **15** 章

新しい金属材料

15.1. 形状記憶合金, 超弾性合金

通常の金属材料は**図 15.1** (a) のように, 力を加えて弾性域を超えると塑性変形し, 力を除荷しても永久ひずみが残る. 一方, **形状記憶合金** (shape memory alloy) は, 図 (b) のように, 力を加えて変形して除荷することによりひずみが残るが, 一般的な金属材料と異なり, 加熱すると変形前の形状に戻る挙動を示す. また, **超弾性合金** (superelastic alloy) は, 図 (c) のように, ある応力を超えるとたやすく変形するものの, 力を除荷するとすみやかに変形前の形状に戻る挙動を示す.

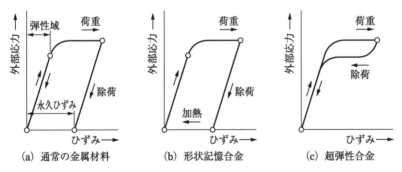

(a) 通常の金属材料　　　(b) 形状記憶合金　　　(c) 超弾性合金

図 15.1 形状記憶合金, 超弾性合金の応力-ひずみ線図

　数多くの合金で形状記憶効果が発見されてきたが，現在の形状記憶合金は，Ni-Ti 系合金，Cu-Zn-Al 系合金と Fe-Mn-Si 系合金などがある．なかでも Ni-Ti 系の形状記憶合金は，多結晶でも 7%以上の超弾性回復ひずみが得られ，形状回復特性，繰り返し特性また耐食性に優れるため，眼鏡フレームや医療用ガイドワイヤーなど，さまざまな分野で利用されている．形状記憶効果を示す Ni-Ti 系合金は，Ni と Ti の比率が原子比でほぼ 1：1 である．この原子比の Ni-Ti 系合金は，Ni と Ti の原子が交互に規則正しく並んだ規則構造の金属間化合物である．また，合金の組成を若干変更することによりマルテンサイト変態温度が変わり，用途も変えることができる．

　これら形状記憶合金の変形機構は，一般的な金属材料の塑性変形である転位の導入によるすべり変形ではなく，マルテンサイト変態（無拡散変態）とその逆変態に伴う結晶構造の変化によって機能を発現する．なお，冷却時のマルテンサイト変態と加熱時のマルテンサイト逆変態の温度は若干異なり，その模式図を図 15.2 に示す．形状記憶合金を冷却するとき，Ms 点はマルテンサイト変態開始温度であり，Mf 点はマルテンサイト変態完了温度である．形状記憶合金を加熱するとき，マルテンサイト相からオーステナイト相（母相）に変化し始める温度を As 点あるいは，オーステナイト変態開始温度または逆変態開始温度と呼ぶ．また，Af 点は，形状記憶合金がマルテンサイト相から完全にオーステナイト相（母相）に変化し終わる温度で，オーステ

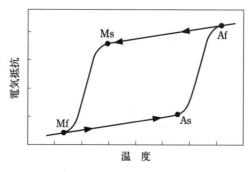

図 15.2　マルテンサイト変態における温度ヒステリシス

ナイト変態完了温度または逆変態完了温度と呼ぶ. 図のように, 冷却方向の変態温度と加熱方向の逆変態温度との間に差が生じて, ヒステリシス特性を示す. **図 15.3** に形状記憶合金の温度の違いによる応力-ひずみ線図の挙動変化を示す. この合金のマルテンサイト逆変態終了温度 Af 点は 70℃であるので, (a) のように 15℃で応力を加えると変形したままとなり, その後加熱

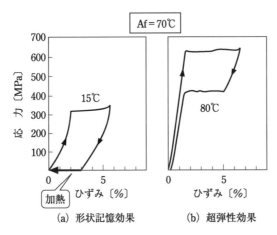

図 15.3 形状記憶合金 (Ti-54.5%Ni 合金) の応力-ひずみ線図

すると元の形状に戻る. また (b) のように, この合金を Af 点以上の 80℃で変形して, 除荷するとすみやかに元の形状に戻る超弾性効果を示す. 形状記憶合金は, 加熱すると記憶している形状に変化することから, マルテンサイト変態点が室温以上の合金である. 逆に, マルテンサイト変態点が室温以下の合金は, 室温でマルテンサイト逆変態をするので超弾性合金と呼ぶことができる.

形状記憶効果と超弾性効果の変形機構の模式図を**図 15.4** に示す.

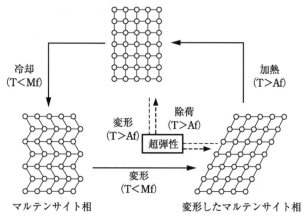

図15.4　形状記憶効果と超弾性効果

15. 2. アモルファス合金

　固体状態でありながら，あたかも液体のように結晶構造をもたずに原子が無秩序に並んでいる状態を非晶質またはアモルファス（amorphous）といい，その合金を**アモルファス合金**（amorphous alloy：非晶質合金）という．

　アモルファス合金は，通常の金属結晶のようなすべり面がないため，強度と粘りを両立することができる．また，腐食の起点となる粒界が存在しないため耐食性にも優れる．アモルファスの製造においては，溶融状態から急速に冷却することが必要で，**図15.5**のように溶融金属を回転している銅製ロールに射出してリボン状または箔状のアモルファスを得る方法が代表的である．このため，断面の小さい形状が一般的であり，機械用材料としての利用はまだ少ない．結晶粒界がないため，電源効率が高いことが特徴で，小型かつ高効率な電源コア（磁心）などの磁気回路部品材料として注目されている．

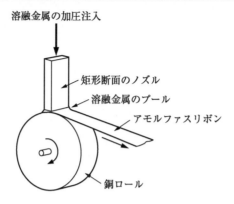

溶融金属の加圧注入

矩形断面のノズル

溶融金属のプール

アモルファスリボン

銅ロール

図15.5 メルトスピニング法によるアモルファスリボンの作製

第 **16** 章

プラスチック

▌ *16.1.* プラスチックの特徴と分類

プラスチック（plastic）は，金属より軽量であることが特徴であるが，一般に機械構造用として要求される性質は金属に劣る．特に，弾性係数は金属と比較して低いため構造材料としての適用範囲は限定される．このように構造用として万能なプラスチックはないものの，多種多様なプラスチックから，必要とされる特性を満足する材料を選択し，適切な部材へ適用することで多くの用途がある．

プラスチックは元来，可塑性物質の意味をもつが，**高分子**（polymer）を主成分として，強化剤，可塑剤，安定剤，着色剤などの充填剤（フィラー）を必要に応じて配合した固体の材料である．この充填剤の適切な選択により，プラスチックの特性は大きく改善し，実用的な特性を得ることができる．**合成樹脂**（synthetic resin）とプラスチックはほぼ同義であるが，プラスチックは成形品とすることを意識して使われることが多いことばである．なお，合成樹脂が登場する前の本来の樹脂である天然樹脂は，工業的な利用は少ない．また，プラスチックの高性能化の手法として，二種類以上の高分子化合物を混合することがあり，それをポリマーアロイという．

プラスチック成形品の多くは射出成形法により金型成形される．射出成形

品は日用品から工業部品，機能部品へと適用範囲を広げている．また，射出成形とともにプラスチックの代表的な加工方法として，押出成形によるプラスチック生産量も多い．

　プラスチックの分類方法はたくさんあるが，代表的な分類を以下に述べる．**図 16.1** は，これらを考慮した分類例である．

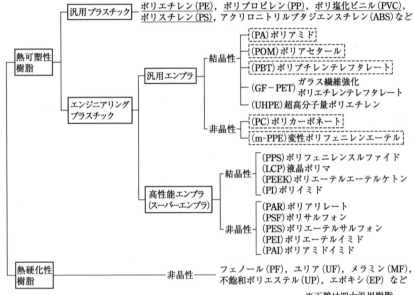

図 16.1　プラスチックの分類

a）熱可塑性樹脂と熱硬化性樹脂

　プラスチックを成形するときに，構成する高分子に由来する性質の違いから区別した実用的な分類方法である．**図 16.2** にそれぞれのプラスチックの温度と粘度の関係を示す．**熱可塑性樹脂**（thermoplastics resin）は金属材料と同様に温度上昇により軟化して，塑性加工しやすくなる．一方，**熱硬化性樹脂**（thermosetting resin）は，熱を加えることにより硬化するもので，硬化したあとにさらに加熱しても硬さはほとんど変わらない．いわば，熱可塑性はチョコレートで，熱硬化性はビスケットのようである．熱硬化性は，

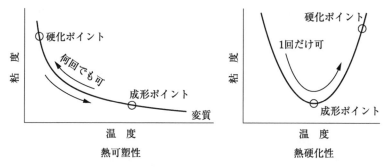

図 16.2 プラスチックにおける熱可塑性と熱硬化性の違い

一度成形したものを再加熱しても溶けることはない.

　なかでも，熱可塑性樹脂は，加熱により溶融させて型に流し込めば，冷却時に固まるので射出成形などに使われ，成形品を大量生産するのに向いている.

b）汎用プラスチックとエンジニアリングプラスチック

　汎用プラスチックは，熱可塑性樹脂のうち，安価で大量に使われており，耐熱性が 100℃以下のものである．一方，汎用プラスチックと比較して，より優れた強度や耐熱性などの特性をもつ高性能なプラスチックは，エンジニアリングプラスチック（略称：エンプラ）と呼ばれている．厳密な定義ではないが，おおむねエンプラは 100℃以上の耐熱性を有し，さらに 150℃以上の耐熱性を示すものを高性能エンプラ（スーパーエンプラ）と呼んでいる.

　プラスチックの耐熱性評価には，JIS や ISO に定められている**荷重たわみ温度**（temperature of deflection under load：TDUL）がよく用いられる．これは，試験片の両端を加熱浴槽中で支え，中央の荷重棒によって試験片に所定の曲げ応力を加えつつ，加熱媒体の温度を 2℃/分の速度で上昇させ，試験片のたわみが所定の量に達したときの加熱媒体の温度をもって，その材料の荷重たわみ温度とする試験である.

c）結晶性と非晶性

　プラスチックは，結晶性（crystalline）と非晶性（amorphous）に分けられる．高分子の結晶構造は金属と異なり，高分子鎖が折りたたみ構造になっ

ている．また，結晶性プラスチックは，完全に結晶ではなく非晶部を含む．結晶部の割合を結晶化度といい，同じプラスチックでも合成法などによって異なる．一般に，結晶化度が高いほど硬さ，弾性率，強さなどが向上し透明性は減少する．なお，熱硬化性樹脂はすべて非晶性である．

16.2. 汎用プラスチック

　汎用プラスチックは価格が安いために大量に利用されている．主要なプラスチック（熱硬化性プラスチック含む）の諸特性を表 16.1 に示す．図 16.1 に示すようにポリエチレン（PE），ポリプロピレン（PP），ポリ塩化ビニル（PVC），ポリスチレン（PS）は，四大汎用樹脂と呼ばれることがあり，プラスチック市場全体の過半を占めている．それぞれがもつ特性から得意な用途や形状があり，ポリエチレンのフィルム，ポリスチレンの発泡材料，塩化ビニ

表 16.1　主なプラスチックの諸特性

	性　質	比　重	引張弾性率〔MPa〕	引張伸び〔%〕	引張強さ〔MPa〕	衝撃強さ（アイゾット）〔J/m〕	比　熱〔kJ/(kg・K)〕
熱可塑性樹脂	ポリエチレン〔高密度〕　HDPE	0.941〜0.965	414〜1 245	15〜100	21〜38	27.5〜306	2.30
	ポリプロピレン　PP	0.890〜0.905	689〜1 176	200〜700	74〜94	26.5〜109	1.9〜2.1
	ポリ四フッ化エチレン（テフロン）PTFE	2.14〜2.22	400	200〜400	31〜41	16.3	1.04
	塩化ビニル（硬質）PVC	1.30〜1.58	2 410〜4 136	40〜80	41〜52	21.6〜109	1.1〜1.47
	アクリル樹脂PMMA	1.17〜1.20	2 410〜3 352	2〜10	48〜76	21.6〜27.5	1.47
熱硬化性樹脂	フェノール樹脂　PF	1.21〜1.30	5 165〜6 889	1.0〜1.5	48〜55	10.7〜18.6	1.6〜1.8
	エポキシ樹脂（硬質）EX	1.11〜1.40	2 410	—	28〜90	10.8〜53.9	1.05
	不飽和ポリエステル樹脂（硬質）　UP	1.10〜1.46	2 100〜4 500	<5.0	41〜90	10.8〜21.6	—

ル樹脂のパイプなどが多い.

a) ポリエチレン（PE）

ポリエチレン（polyethylene）は，最も単純な構造をもつ高分子であり，原料が安く，成形しやすく，耐水・耐薬品性が良いため，包装用フィルムや容器，まな板など，広範囲な用途に使われている．強度はそれほどでもないが，耐衝撃性に優れている．ポリエチレンは，組成は同じであっても密度や分子量によって性質が大きく異なる．低密度ポリエチレン（LDPE）と高密度ポリエチレン（HDPE）があり，この中間の性質をもつ中密度ポリエチレンもある．高密度ポリエチレンは硬いが，それでもほかのプラスチックと比較すると軟らかい部類に入る．

b) ポリプロピレン（PP）

ポリプロピレン（polypropylene）は，ポリエチレンより硬く，強度，耐熱性が高い．また，密度が約 $0.9\,\mathrm{Mg/m^3}$ と汎用プラスチックの中では最も軽い．ただし，低温では脆くなる．用途は幅広く，コンテナや容器類，自動車部品，電子レンジ用容器，給食器，フィルム，繊維，結束材などがある．

c) ポリ塩化ビニル（PVC）

ポリ塩化ビニル（polyvinyl chloride）は，通称「塩ビ」であり，原料が安く，多目的に利用されている．耐薬品性・耐油性に優れ，電気絶縁性が大きく，透明で着色ができる．ただし，リサイクルが困難である．可塑剤を加えないで作った硬質ポリ塩化ビニルと，可塑剤を加えて作った軟質ポリ塩化ビニルに分類できる．硬質ポリ塩化ビニルは硬く，パイプ（水道用など），板，波板，雨樋，住宅用サッシなどに使われている．軟質ポリ塩化ビニルは，可塑剤を 30〜50％加えて柔軟にしたもので，フィルム，ホース，電線被覆など広範囲に使用されている．

d) ポリスチレン（PS）

ポリスチレン（polystyrene）は，熱に比較的安定で，成形時の寸法安定性も優れているため，成形加工しやすい．また，発泡させやすいため，食品容器や断熱材に適しており，衝撃を吸収するため緩衝材（発泡スチロール）

として使用できる.

e）アクリル樹脂（PMMA など）

ポリメチルメタクリレート（polymethyl methacrylate）またはポリメタクリル酸メチル樹脂は，代表的な**アクリル樹脂**（acrylic resin）である．プラスチックの中では透明度が最高で，日光に当たっても変色しない．耐候性がよく硬度は高いが，耐衝撃がやや低い．用途は，ガラスの代わりに使われることが多く，光ファイバ，レンズ，自動車のテールライトやメーターカバーなどがある．一般にプラスチックは水分を吸収すると，寸法の変化，電気抵抗の増加，強さの低下などを引き起こす．アクリル樹脂の相対湿度と寸法変化を**図 16.3** に示す．このように湿度によって寸法変化する．

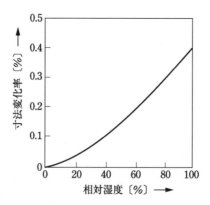

図 16.3　アクリル樹脂（PMMA）の相対湿度と寸法変化率

f）ABS 樹脂

ABS 樹脂は，アクリロニトリル（Acrylonitrile），ブタジエン（Butadiene），スチレン（Styrene）から構成される合成樹脂である．それぞれの成分ごとに，A が耐熱性・耐薬品性，B が耐衝撃性，S が流動性・光沢・硬度に優れており，これらの比率を変えることで，目的に応じた性質を得ることができ，製造法や組成により多くの種類がある．一般品種の ABS は乳白色で，100℃には耐えられず，野外で長時間使用すると脆くなる．改良型として，アクリル樹脂を混ぜて透明にした透明 ABS 樹脂，100℃以上の使用に

耐える耐熱 ABS 樹脂，耐光性を改良したものなどがある．用途は幅広く，家電，電子機器，自動車などの内外装部品，OA 機器などに使用されている．

16. 3. エンジニアリングプラスチック

主要なエンジニアリングプラスチックの諸特性を**表 16.2** に，各種プラスチックの耐熱性を**表 16.3** に示す．エンプラの耐熱性が比較的良好である．また，プラスチックの欠点でもあるクリープ特性を**図 16.5** に示す．このように，一般にエンプラは汎用プラスチックと比較してクリープ特性に優れている．

表 16.2 エンジニアリングプラスチックの諸特性

種　　類	比　重	引張弾性率〔MPa〕	引張伸び〔%〕	引張強さ〔MPa〕	衝撃強さ（アイゾット）〔J/m〕	比　熱〔kJ/(kg·K)〕
ナイロン 6　　PA6	1.13	755〜3 138	300	69	53	1.17
ポリカーボネート　　PC	1.20	2 403	110	59	637	1.67
ポリアセタール　　POM	1.41	2 815	60〜75	61	85	1.47
ポリエチレンテレフタレート　PET	1.37	2 059	200	72	43	1.17
ポリブチレンテレフタレート　PBT	1.31	2 157〜2 452	300	55	39〜64	1.42〜2.05
変性ポリフェニレンオキシド（ノリル）変性PPO	1.06	2 452	60	67	245	1.34
ポリサルフォン　　PSF	1.24	7 747	50〜100	71	59	1.30
ポリフェニレンサルファイド　PPS	1.64	1 937	1.0〜1.3	118	69	－
ポリアリレート　　PAR	1.21	2 354	50	70	373	－
ポリエーテルサルフォン　PES	1.37	9 807	40〜80	84	－	－
液晶（ベクトラ）　LCP	1.40		3.0	206	431	－

a）ポリアミド（PA）

ナイロンやアラミド樹脂（ケブラー）が，**ポリアミド**（polyamide）に属す

表 16.3　各種プラスチックの耐熱性

種　　類		荷重たわみ温度〔℃〕（荷重 0.45〔MPa〕）	連続耐熱温度〔℃〕
熱可塑性			
ポリエチレン低密度	PE	41〜49	82〜100
ポリエチレン高密度	PE	60〜82	121
ポリプロピレン	PP	99〜116	121〜160
塩化ビニル樹脂（硬）	PVC	57〜82	65〜80
四フッ化エチレン樹脂	PTFE	120	288
メタクリル樹脂	PMMA	71〜91	60〜88
ポリスチレン	PS	66〜91	66〜77
AS樹脂	AS	91〜93	60〜96
ABS樹脂	ABS	66〜107	60〜121
エンプラ			
ポリカーボネート	PC	141	121
ポリアセタール	POM	166〜170	85
ナイロン6	PA6	149〜185	80〜121
ポリサルフォン	PSF	181	121〜174
PPO（変性）	m-PPO	138	130〜190
ポリイミド[*1]	PI	350[*2]	260
熱硬化性			
フェノール樹脂成形品[*1]	PF	150〜315[*2]	177〜260
エポキシ樹脂成形品[*1]	EP	121〜260[*2]	166〜260
不飽和ポリエステル樹脂成形品[*1]	UP	200〜260[*2]	149〜177

*1：ガラス繊維充てん，　*2：荷重 1.81〔MPa〕

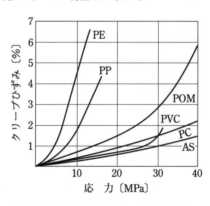

図 16.4　各種プラスチックのクリープ量（20℃，110 h 後）

る．強靭な材料で摩擦係数が小さく，しかも耐摩耗性，自己潤滑性に優れている．耐油性，耐薬品性もよいので機械材料にも適しており，自動車のインテークマニホールドなどのエンジンルーム内の部品や携帯電話やパソコンの筐体などに採用が広がっている．

b）ポリカーボネート（PC）

ポリカーボネート（polycarbonate）は，耐衝撃性，透明性に優れる．成形収縮率が小さく，寸法精度の良い成形品が得られ，自己消火性がある．カメラ本体，光学ディスク，自動車ヘッドライト部品など非常に広い範囲で使用されている．透明性が高いプラスチックとしてアクリル樹脂と比較されることがあるが，耐衝撃性，難燃性でポリカーボネートが勝り，透明度と耐光性はアクリル樹脂のほうが優れている．

c）ポリアセタール（POM）

ポリアセタール（polyacetal）は，ジュラコン，デルリンなどの商標名でも知られている白色のエンプラである．プラスチックとしては高い機械的性質を有し，優れた耐疲労性，耐クリープ性，摩擦摩耗特性，耐薬品性を備えていることから，電機・自動車・各種機械・建材などの分野において広く用いられている．

d）ポリブチレンテレフタレート（PBT）

ポリブチレンテレフタレート（polybuthyleneterephthalate）は**ポリエステル樹脂**（polyester resin）の一種で，フィルム，シート，繊維に加工でき，ガラス繊維で強化しなくてもある程度の強靭さが得られる．耐疲労性，耐熱性，耐摩耗性も良好で，自己潤滑性がある．

e）変性ポリフェニレンエーテル（m-PPE）

変性ポリフェニレンエーテル（modified-polyphenyleneether）はポリフェニレンエーテル（PPE）とポリスチレン（PS）のポリマーアロイである．ポリフェニレンエーテルは耐熱性が高く，優れた荷重たわみ温度を示すが，成形性が低い．これをポリスチレンとのポリマーアロイ化で解決したものである．

f）ガラス繊維強化ポリエチレンテレフタレート（GF-PET）

　ガラス繊維強化ポリエチレンテレフタレートは，フィルムやペットボトルに使われている PET 樹脂に，ガラス繊維を配合したものである．ガラス繊維の配合により，機械的強度，寸法安定性が飛躍的に向上している．ポリエステル樹脂がもっている耐熱性などの特性が活かされ，金属や熱硬化性樹脂を代替する材料として，自動車，電気・電子分野など用途で使用されている．各種プラスチックの強度と耐熱性を**図 16.4** に示す．ガラス繊維で強化したものは，強度や耐熱性が大きく改善される．

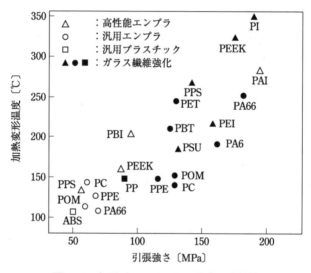

図 16.5　各種プラスチックの強度と耐熱性

16.4.　熱硬化性プラスチック

　熱硬化性プラスチックは，表 16.3 に示すように，熱可塑性の汎用プラスチックより耐熱性が優れている．熱硬化性樹脂のなかで最も国内生産量が多い**フェノール樹脂**（PF）は，合成樹脂で最初に工業化されたものでベークライトとも呼ばれる．成形品の弾性率が高く，耐熱性，耐クリープ性，絶縁性，耐水性などに優れるので構造材として利用されている．また，金属材料と比

べて，電気絶縁性，耐腐食性に優れ，低比重である．

第 **17** 章

セラミックス

▰ 17.1. セラミックスの種類

　セラミックスは，もともと粘土を焼き固めて作られた土器や焼き物などを由来とする．代表的なセラミックスは陶磁器であるが，広義には耐火物やセメントやガラスなども含まれることもある．セラミックスは，非金属無機材料で，その工程において高温処理を受けたものととらえることができる．セラミックスのなかでも，精選または合成された原料粉末を用いて，組成や組織，形状を，精密に制御された工程で製造することにより，従来では得られなかった優れた性質を得たものを特に**ファインセラミックス**（fine ceramics）と呼ぶ．ファインセラミックスは，焼き固める原料が人工材で，原料の粒子の大きさが非常に微細であるのが特徴である．

　セラミックスの分類例を**図 17.1** に示す．ファインセラミックスは機能性材料と構造材料に分けることができ，また化学組成で分類すると，酸化物系と非酸化物系などに分けられる．

▰ 17.2. セラミックスの性質と用途

　セラミックスの応力–ひずみ線図の例を**図 17.2** に示す．このようにセラミ

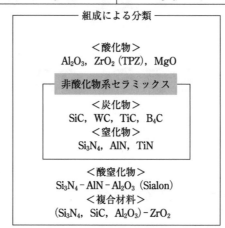

<機能材料>	<構造材料>
電気，磁気，光学，触媒	機械的，熱的特性
Al_2O_3，SiO_2，Si_3N_4	ガスタービン，エンジン等
YAG，$BaTiO_3$，PZT	Si_3N_4，SiC，ZrO_2等

組成による分類

<酸化物>
Al_2O_3，ZrO_2（TPZ），MgO

非酸化物系セラミックス

<炭化物>
SiC，WC，TiC，B_4C
<窒化物>
Si_3N_4，AlN，TiN

<酸窒化物>
$Si_3N_4 - AlN - Al_2O_3$（Sialon）
<複合材料>
（Si_3N_4，SiC，Al_2O_3）- ZrO_2

図 17.1　セラミックスの分類

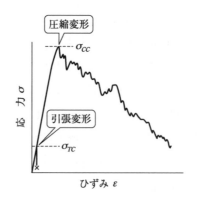

図 17.2　セラミックスの応力-ひずみ線図

ックスは圧縮力には比較的強いが引張に弱い傾向がある．ヤング率は，イオン結合・共有結合のため高い．ファインセラミックスのうち，構造用材料は，優れた機械的強度と耐熱性をもつため，エンジンやガスタービン用材料として適している．またさらに耐摩耗性に優れかつ高い耐食性を備えたものは，

メカニカルシールやポンプ部品に利用されている.

　主なセラミックスの特性と用途例を表17.1に示す．酸化物系では，最も代表的な構造用セラミックスとしてアルミナ（Al_2O_3）が広く使用されており，機械的強度，電気絶縁性，高周波損失性，熱伝導率，耐熱性，耐摩耗性，耐食性が良好である．ジルコニア（ZrO_2）は，ファインセラミックスの中で，最も高い強度と靱性を有し，刃物（ハサミや包丁など）にも利用されている．非酸化物系の炭化ケイ素（SiC），窒化ケイ素（Si_3N_4）の無機化合物から，化学的に製造されたものの総称である．また，第12章で述べたように，工具材料として用いられている．

表17.1　主なセラミックスの性質と用途例

材料 ＼ 性質	密　度 〔Mg/m^3〕	曲げ強さ（室温）〔MPa〕	縦弾性係数 〔GPa〕	用　　途
窒化ケイ素 Si_3N_4	2.70〜3.27	290〜980	240〜310	ガスタービン，半導体絶縁材，ディーゼル機関部品，ダイス，軸受
炭化ケイ素 SiC	3.15	340〜450	400	集積回路基板，ガスタービン，ダイス，軸受
アルミナ Al_2O_3	3.98	340	390	集積回路基板，ナトリウムランプ管，化学反応容器，バルブ
ジルコニア ZrO_2	6.05	1 170	200	ディーゼル機関部品，ダイス，刃物，ガイドローラ

第 **18** 章

複合材料

18.1. マトリックスと強化材

　複合材料（composites）は，2種類以上の異なる材料を組み合わせて，それぞれの長所を生かし単一材料では得られない優れた特性をもたせた材料である．マトリックス（母材）に強化材を複合させることにより特性を改善する手法が一般的である．

　複合材料を大別すると繊維強化材，分散強化材および合せ材の3種類に分類できる．合せ材は，歴史的にも古く，金属材料ではクラッド材など多くの実用例がある．

18.2. プラスチック基複合材料（PMC）

　複合材で最も一般的なのは，**プラスチック基複合材料**（PMC；polymer matrix composites）であり，なかでも普及しているのは**繊維強化プラスチック**すなわち **FRP**（fiber reinforced plastic）である．これは，プラスチックをマトリックス（母材）として，ガラス繊維のように弾性率の高い材料と複合化し，軽量で比強度の高い材料としたものである．強化繊維の違いにより，ガラス繊維（Glass Fiber）で強化した GFRP，炭素繊維（Carbon

Fiber）で強化した CFRP などがある．一方，マトリックスで分類すると，一般的に不飽和ポリエステル等の熱硬化性樹脂を使用することが多いため，熱可塑性樹脂をマトリックスとした場合は，**FRTP**（fiber reinforced thermoplastic）と呼んで区別することがある．FRP は，軽量で耐久性がよいことから，ヘルメット，小型船舶の船体や，ユニットバスや浄化槽などの住宅設備機器のほか，航空・宇宙などの先端技術で利用されている．しかし，異種材料が混合した状態で成型されてしまっていることから，リサイクルが困難なことが欠点である．

18.3.　金属基複合材料（MMC）

金属基複合材料（MMC；metal matrix composites）は，文字通り，金属をマトリックスとして，強化材との複合化により耐摩耗性など所望の特性の向上を実現したものである．単純な金属基複合材料の作製方法は，溶融金属の中にセラミックス粉末を投入し攪拌する方法（溶湯攪拌法）であるが，金属とセラミックスは濡れ性が不十分なためさまざまな技術開発が行われている．強化材の種類によって，粒子強化と繊維強化の2つのタイプがあるが，繊維により強化した場合を**FRM**（fiber reinforced metal）という．分散強化は，主に粉末冶金の手法により金属と無機質の組合せが開発され，主に耐熱材料や切削工具材として実用化されている．

アルミニウムをマトリックスとして耐摩耗性，耐熱性，焼付け防止の目的で金属酸化物（Al_2O_3，SiO_2 等），炭化物（SiC，WC，TiC 等）を複合化したものがピストン，シリンダ等自動車エンジン部品に使用されている．チタン基材・ニッケル基材のものは耐熱性が高く，航空機部品等に使用されている．

18.4　セラミックス基複合材料（CMC）

セラミックス基複合材料（CMC；ceramic matrix composites）は，無機

または金属の粒子，ウィスカ，短繊維，長繊維などと複合化することで靱性を向上させる試みがなされてきた．

18. 5. 炭素繊維強化炭素複合材料（C/C コンポジット）

炭素繊維強化炭素複合材料（carbon fiber reinforced-carbon matrix-composite）すなわち C/C コンポジット（carbon-carbon composites）は，優れた強度特性をもつ炭素繊維と炭素マトリックスからなる高温下で強度低下のない<u>耐熱複合材料</u>である．製造方法は，炭素繊維を芯材にしたフェノール樹脂成形物（CFRP）を作り，真空中の高温で焼成して，フェノール樹脂の部分を炭化させる．その結果，炭素繊維の周りがカーボンで囲まれた複合材料が得られる．

18. 6. コンクリート

建築資材として使われる**コンクリート**（concrete）は，セメントコンクリートとも呼ばれ，一般に，砂利・砂などの粒状体骨材を，水硬性の**セメント**（cement）に水を加えたセメントペーストと混合して練り，硬化結合させた複合材料である．コンクリートは圧縮力には比較的強いが引張力には弱い．そのため，建築構造用としてはコンクリートの中に鉄筋を入れた**鉄筋コンクリート**（reinforced concrete）として使われることが多い．不動産業界でも RC 構造と呼ばれる．これは，鉄鋼材料がもつ靱性や引張強さとコンクリートがもつ高い圧縮強度を兼ね備えた構造の一つである．また，コンクリートは主に構造材料として使われるが，骨材を砂などの細粒のものに限った**セメントモルタル**（cement mortar）は塗壁材料やれんが・タイルなどの接着用として広く用いられる．

参考文献

1) 日本機械学会編：機械工学便覧 β-2 材料学・工業材料，丸善（2006）

2) 日本金属学会編：金属便覧，改訂6版，丸善（2000）

3) 日本金属学会編：金属データブック，改訂4版，丸善（2000）

4) 文科省検定済教科書：機械工作I，実教出版（2013）

5) 門間改三：大学基礎 機械材料 SI単位版，実教出版（1993）

6) 小原嗣朗：金属材料概論，朝倉書店（1991）

7) 須藤 一ほか共著：金属組織学，丸善（1972）

8) 阿部秀夫：金属組織学序論，コロナ社（1967）

9) 宮川大海，吉葉正行：よくわかる材料学，森北出版（1993）

10) 西川精一：新版 金属工学入門，アグネ技術センター（2001）

11) 横山 亨：図解合金状態図読本，オーム社（1974）

12) 金子純一，須藤正俊，菅又 信：改訂新版基礎機械材料学，朝倉書店 （2008）

13) 矢島悦次郎，市川理衛，古沢浩一，宮崎 亨，小坂井孝生，西野洋一： 第2版 若い技術者のための機械・金属材料，丸善（2002）

14) C.R.バレットほか共著，岡村ほか共訳：材料科学1，培風館（1979）

15) C.R.バレットほか共著，岡村ほか共訳：材料科学2，培風館（1979）

16) 打越二弥：図解機械材料 第3版，東京電機大学（2001）

17) 金子純一，大塚正久共訳：機械設計のための材料選定，内田老鶴圃 （1997）

18) 堀内 良，金子純一，大塚正久共訳：材料工学—材料の理解と活用の ために—，内田老鶴圃（1992）

19) 里 達雄：軽合金材料，コロナ社（2011）

20） 日本アルミニウム協会編：アルミニウムハンドブック（2007）

21） 日本熱処理技術協会編；熱処理技術入門，大河出版（1974）

22） 日本規格協会編：JIS ハンドブック 鉄鋼 I 2012,（2012）

23） 日本規格協会編：JIS ハンドブック 鉄鋼 II 2012,（2012）

24） 日本規格協会編：JIS ハンドブック 非鉄 2012,（2012）

25） Ashby, M. F., Materials Selection in Mechanical Design, 4 th ed., Butterworth Heinemann, Oxford（2011）

26） Ashby, M. F., Materials, 3 rd ed., Butterworth Heinemann, Oxford（2013）

索　引

MEMO

MEMO

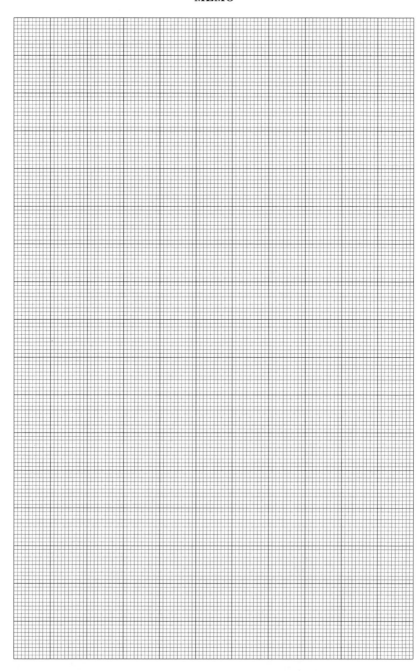

■ 著者紹介

松澤　和夫（まつざわ　かずお）

現在　　東京都公立大学法人 東京都立産業技術高等専門学校 教授,
博士（工学）

著書　　文科省検定済教科書 機械工作 I・II（実教出版）
機械設計技術者試験準拠 機械設計技術者のための基礎知識（オーム社）
高等学校 副教材 工業材料技術（実教出版）
ほか

- 本書の内容に関する質問は，オーム社ホームページの「サポート」から，「お問合せ」の「書籍に関するお問合せ」をご参照いただくか，または書状にてオーム社編集局宛にお願いします．お受けできる質問は本書で紹介した内容に限らせていただきます．なお，電話での質問にはお答えできませんので，あらかじめご了承ください．
- 万一，落丁・乱丁の場合は，送料当社負担でお取替えいたします．当社販売課宛にお送りください．
- 本書の一部の複写複製を希望される場合は，本書扉裏を参照してください．
JCOPY＜出版者著作権管理機構 委託出版物＞
- 本書籍は，日本理工出版会から発行されていた『基礎 機械材料学』をオーム社から発行するものです．

基礎 機械材料学

2022 年 9 月 10 日　　第 1 版第 1 刷発行
2024 年 1 月 10 日　　第 1 版第 2 刷発行

著　　者　松澤和夫
発 行 者　村上和夫
発 行 所　株式会社 オーム社
　　　　　郵便番号　101-8460
　　　　　東京都千代田区神田錦町 3-1
　　　　　電話　03(3233)0641(代表)
　　　　　URL　https://www.ohmsha.co.jp/

印刷・製本　平河工業社
ISBN978-4-274-22935-0　Printed in Japan

本書の感想募集　https://www.ohmsha.co.jp/kansou/

本書をお読みになった感想を上記サイトまでお寄せください．
お寄せいただいた方には，抽選でプレゼントを差し上げます．

2023年版 機械設計技術者試験問題集 【最新刊】

日本機械設計工業会 編　　　　　　　B5判 並製 208頁 本体2700円【税別】

本書は (一社) 日本機械設計工業会が実施・認定する技術力認定試験 (民間の資格)「機械設計技術者試験」1級、2級、3級について、令和4年度 (2022年) 11月に実施された試験問題の原本を掲載し、機械系各専門分野の執筆者が解答・解説を書き下ろして、(一社) 日本機械設計工業会が編者としてまとめた公認問題集です。合格への足がかりとして、試験対策の学習・研修にお役立てください。

3級 機械設計技術者試験 過去問題集
令和2年度／令和元年度／平成30年度

日本機械設計工業会 編　　　　　　　B5判 並製 216頁 本体2700円【税別】

本書は (一社) 日本機械設計工業会が実施・認定する技術力認定試験 (民間の資格)「機械設計技術者試験」3級について、過去3年 (令和2年度／令和元年度／平成30年度) に実施された試験問題の原本を掲載し、機械系各専門分野の執筆者が解答・解説を書き下ろして、(一社) 日本機械設計工業会が編者としてまとめた公認問題集です。3級合格への足がかりとして、試験対策に的を絞った本書を学習・研修にお役立てください。

機械設計技術者試験準拠 機械設計技術者のための基礎知識

機械設計技術者試験研究会 編　　　　　B5判 並製 392頁 本体3600円【税別】

機械工学は、すべての産業の基幹の学問分野です。機械系の学生が学ばなければならない科目として、4大力学 (材料力学、機械力学、流体力学、熱力学) をはじめ、設計の基礎となる機械材料、機械設計・機構学、設計製図および設計の基礎となる工作法、機械を制御する制御工学の9科目があります。(一社) 日本機械設計工業会が主催する機械設計技術者試験の試験科目には、前述の9科目が含まれています。本書は、試験9科目についての基礎基本とCAD/CMMについて、わかりやすく解説しています。章末には、試験対策用の演習問題を収録し、力学など計算問題が多い分野には、本文中に例題を多く取り入れています。

機械設計技術者のための4大力学

朝比奈 監修　廣井・青木・大髙・平野 共著　　A5判 並製 352頁 本体2800円【税別】

初級技術者や機械設計を学ぶ学生のために、機械力学・材料力学・流体力学・熱力学をわかりやすく解説。演習問題により「機械設計技術者試験」にも対応できるように構成しました。

JISにもとづく 機械設計製図便覧 (第13版)

工博 津村利光 閲序／大西 清 著　　　B6判 上製 720頁 本体4000円【税別】

初版発行以来、全国の機械設計技術者から高く評価されてきた本書は、生産と教育の各現場において広く利用され、12回の改訂を経て150刷を超えました。今回の第13版では、機械製図 (JIS B 0001：2019) に対応すべく機械製図の章を全面改訂したほか、2021年7月時点での最新規格にもとづいて全ページを見直しました。機械設計・製図技術者、学生の皆さんの必備の便覧。

JISにもとづく 標準製図法 (第15全訂版)

工博 津村利光 閲序／大西 清 著　　　A5判 上製 256頁 本体2000円【税別】

本書は、設計製図技術者向けの「規格にもとづいた製図法の理解と認識の普及」を目的として企図され、初版 (1952年) 発行以来、全国の工業系技術者・教育機関から好評を得て、累計100万部を超えました。このたび、令和元年5月改正のJIS B 0001：2019 [機械製図] 規格に対応するため、内容の整合・見直しを行いました。「日本のモノづくり」を支える製図指導書として最適です。